土木工程科技创新与发展研究前沿丛书

震源破裂过程反演及结构抗震输入近场地震动模拟研究

尹得余 董 云 刘启方 陈亚东 陈家瑞 著

中国建筑工业出版社

图书在版编目（CIP）数据

震源破裂过程反演及结构抗震输入近场地震动模拟研
究 / 尹得余等著. —北京：中国建筑工业出版社，
2021.3
（土木工程科技创新与发展研究前沿丛书）
ISBN 978-7-112-25964-9

Ⅰ. ①震…　Ⅱ. ①尹…　Ⅲ. ①震源-地裂缝-研究②
地震模拟试验-研究　Ⅳ. ①P315.3②P315.8

中国版本图书馆 CIP 数据核字（2021）第 047984 号

　　本书以汶川地震作为研究目标，系统介绍了作者针对震源特征研究的成果，全面总结了目前震源破裂过程研究的现状，介绍了震源破裂过程和震源高频辐射反演的原理；综合汶川地震多维度研究结果，构建符合发震实际情形的三维曲面断层模型，研究了远场长周期地震记录、GPS 观测资料和近场强震记录对汶川地震破裂过程的解释能力；联合远场、近场、GPS 和同震位移资料给出了汶川地震时空破裂过程；构建了一种反演汶川地震高频辐射的研究方法，给出了汶川地震线源模型高频辐射分布，由得到的震源高频激发模型正演得到台站加速度包络，进一步合成了近场高频地震动。

　　本书可供从事地震工程研究的教师和研究生参考使用。

责任编辑：仕　帅　吉万旺
责任校对：姜小莲

土木工程科技创新与发展研究前沿丛书
震源破裂过程反演及结构抗震输入近场地震动模拟研究
尹得余　董　云　刘启方　陈亚东　陈家瑞　著
*
中国建筑工业出版社出版、发行（北京海淀三里河路 9 号）
各地新华书店、建筑书店经销
北京鸿文瀚海文化传媒有限公司制版
北京建筑工业印刷厂印刷
*
开本：787 毫米×960 毫米　1/16　印张：8¼　字数：160 千字
2021 年 6 月第一版　　2021 年 6 月第一次印刷
定价：**48.00** 元
ISBN 978-7-112-25964-9
（37193）

▪ 前　言 ▪

　　强震在短时间内释放大量的能量，产生强烈的地面运动，造成建筑的破坏。尤其是近年来全球发生的大震及其产生的次生灾害给全世界人民造成了严重的灾难。虽然 21 世纪经济高度发展，建筑结构的抗震水平得到较大提升，同时也发展了多种有效减灾手段，但地震仍然是对人类生存威胁最大的自然灾害之一。2008 年中国汶川 $M_w7.9$ 大地震、2010 年 3·11 日本 $M_w9.0$ 大地震、2015 年尼泊尔 $M_s8.1$ 大地震等，这些地震震级大，破坏性强。地震产生严重灾害的原因之一是人们对发震区域可能发生的地震缺乏准确可靠的认识。同时，许多大震，尤其是内陆地震，发震断层构造复杂，对这些大震发震机制的研究，可提取震源演化的重要信息，这对减轻人口稠密地区未来地震的灾害具有重要意义。

　　本书针对震源特征的研究，从震源破裂过程（辐射低频地震动，频率小于1Hz）和高频地震动（频率位于 1～25Hz）两个维度展开，介绍了两方面研究的原理和现状。针对具体震例——汶川地震，介绍了此次地震震源研究欠缺的地方；给出了震源破裂过程联合反演结果和线源模型高频辐射分布。第 1 章为绪论，主要介绍了震源破裂过程研究中的关键问题格林函数的计算方法，震源研究采用反演手段的几种形式以及汶川地震研究现状。第 2 章主要介绍了震源破裂过程反演的原理，格林函数的计算方法以及高频辐射反演原理。第 3 章针对汶川地震，介绍了所用的远场和同震位移数据，综合已有研究结果建立的汶川地震三维发震断层模型，分别给出了远场和同震位移数据反演结果，分析了不同数据对于滑动分布的分辨能力和结果的可靠性。第 4 章主要介绍了近场强震数据的处理和到时校正，给出了基于近场强震数据的汶川地震滑动分布，分析了近场强震记录对滑动分布的识别能力。第 5 章主要介绍了联合多类型观测数据的汶川地震滑动分布结果，分析了联合不同数据对提高反演结果的识别能力，分析了小鱼洞断层在破裂扩展中的作用，给出了汶川地震滑动分布联合反演结果。第 6 章针对汶川地震，介绍了一种反演震源高频辐射的研究方法，阐述了方法的原理和具体使用细节，给出了汶川地震线源模型高频辐射分布，由得到的震源模型模拟了无观测台站地区的近场高频地震动，为结构抗震分析提供了合理的高频地震动输入。

　　本书系统全面介绍了震源特征研究的现状，总结和剖析了汶川地震震源研究的动态和问题，给出了一种研究震源高频特征的方法，适用于从事地震工程研究的教师和研究生参考使用。

　　本书研究成果是在国家自然科学基金课题（51378479、51804129）、淮安市自然科学研究计划（HAB202060）、2020 年中国博士后科学基金面上项目

3

（2020M671301）、2019 年江苏省博士后科研资助计划项目（2019K139）、2020 年江苏省产学研合作项目（BY2020327、BY2020007）的资助下完成的。在编写过程中引用了已公开发表的文献资料和相关教材书籍，部分内容得到了专家、同事和朋友的帮助，在此表示衷心感谢！感谢作者博士生导师苏州科技大学土木工程学院刘启方研究员的大力帮助，感谢淮阴工学院建筑工程学院董云教授、陈亚东教授、陈家瑞博士和武精科博士对本书研究工作所做出的重要贡献。

　　虽然在研究和编写过程中，我们做了大量的工作，但由于时间和水平有限，书中的疏漏和不足之处在所难免，敬请读者批评指正。

编者
2020 年 12 月

◾ 目　　录 ◾

第 **1** 章

绪 论

1.1 研究背景

　　地球上板块与板块之间相互挤压碰撞，当累积的能量超过介质的强度时，造成板块边沿及板块内部产生错动和破裂，从而引起地震。大地震发生时，往往在较短的时间内释放大量的能量，造成严重的建筑物破坏与人员伤亡。地震是如何从破裂发生、发展到破裂停止的，是地震震源研究的重要内容。基于震源理论，地震学家假定断层为有限平面断层，利用观测资料，通过反演技术得到断层面上随时间和空间变化的滑动分布，即地震破裂过程的反演，并给出地震总的破裂持续时间、震源区或断层面的空间尺度大小、滑动方向、破裂速度、地震矩的大小和应力降分布等，这是定量认识震源运动学特性最有效的途径。震源运动学研究可为震后抗震救灾工作提供参考；为分析发震区域断层活动特性和余震分布趋势提供依据；也有助于从运动学角度分析地震的发生机理；为近场地震动的模拟提供模型参数。

　　地震破裂过程的研究，对认识地震震源破裂的复杂性具有重要的理论意义，对防震减灾工作有重要的指导意义。此方面的工作开始于 20 世纪 80 年代初期，Kikuchi 和 kanamori、Hartzell 和 Heato 进行了开创性的研究。此后，经过 30 多年的发展，得到了全球一些主要地震的破裂过程，如 1979 年帝王谷 $M_L6.6$ 级地震、1974 年秘鲁 $M_w8.0$ 级地震、1992 年美国兰德斯 $M_w7.2$ 级地震、1999 年中国台湾集集 $M_w7.6$ 级地震、1999 年土耳其伊兹米特 $M_w7.5$ 级地震、2004 年美国帕克菲尔德 $M_w6.0$ 级地震、2008 年中国汶川 $M_w7.9$ 级地震、2010 年中国青海玉树 $M_L7.1$ 级地震、2011 年日本东北部 $M_w9.0$ 级地震、2013 年中国芦山 $M_w6.6$ 级地震、2014 年中国鲁甸 $M_w6.1$ 级地震、2015 年尼泊尔 $M_w7.9$ 级地震。而震源反演结果的不唯一性一直是一个重要的问题，如何利用有限的观测资料，在保证结果稳定性的同时，最大限度地提取震源运动学的可靠信息成为该类研究的难点和热点。因此反演结果的可靠性引起人们的重视。由于不同的地震获得的资料不同，以及不同学者采用的反演资料不同，一次地震的反演结果会有显著差别。子断层尺寸、震源时间函数、记录所用频带、权系数的施加等都会对结果有较大影响。目前认为可靠的反演结果一般需要利用尽可能多的资料，同时要对反演结果的主要特征（如凹凸体的区域大小和位置等）进行一定的可靠性分析。对于大震而言，由于子断层的细分以及每个子断层可能的滑动时间窗增多，反演参数增加，结果的可靠性更应深入分析。

1.2　震源破裂过程研究

地震破裂过程反演的理论基础是弹性动力学的表示定理。根据表示定理式(1-1)，空间上任意一点的运动可通过断层面的震源时间函数和格林函数卷积得到。其中，震源时间函数是描述断层破裂扩展过程及断层面每个点的位错发展过程（地震波的激发过程），格林函数反映的是从震源到观测点的地球介质对地震波传播的影响。

$$u_i(x,t) = \int_{-\infty}^{+\infty} \mathrm{d}\tau \iint_{\Sigma} [u_j(\xi,\tau)] C_{jkpq} G_{ip,q}(x,t;\xi,\tau) v_k \mathrm{d}\sum(\xi) \qquad (1\text{-}1)$$

式中　　$u_i(x,t)$——场点 x 处 i 分向的位移；

　　　　$u_j(\xi,\tau)$——断层面上 ξ 点发生的错动；

　　　　C_{jkpq}——断层所在介质的弹性模量；

$G_{ip,q}(x,t;\xi,\tau)$——格林函数，即点位错源产生的地震动场；

　　　　v_k——断层面法向的方向余弦；

　　　　$\sum$——整个断层面，对整个断层面积分就可得到断层面发生错动，在任意场点的地震动位移。

1.2.1　格林函数的计算

由位移表示定理可知，要想得到断层面上任意一点的错动，需要已知格林函数和场点的地震动位移。从格林函数来看，地震动的低频部分对应于较长的波长，对地球介质小尺度精细的构造不敏感，其主要影响来自上地幔和地壳的分层构造及场地土层影响，目前对这部分地球介质认识是比较明确的。因此，可以利用确定的地球介质模型通过解析方法求得（离散波数法，反射透射系数矩阵法）或数值模拟方法（如有限元法，有限差分法，谱元法）。大量研究表明理论计算和观测格林函数具有良好的一致性。而高频地震波由于波长很短，地球介质小尺度的不均匀性、介质的非弹性衰减以及介质各向异性均对其传播具有明显的影响，目前对于地球介质的小尺度不均性及各向异性的认识非常模糊。因此，可靠的高频格林函数的理论计算不易实现。

1.2.2　研究方法

1. 线性方法

震源破裂过程反演自提出以来，经过多年的发展，逐渐形成线性和非线性两类反演方法。其中，线性反演方法是最常见的形式，其思路为：首先根据震源机制解、矩张量解等给出断层的基本产状，设定可能产生滑动的断层面，建立断层的几何模型。为了反演断层面的位错分布，需将断层面分解为若干子断层面，为了反演子断层的滑动过程，一般又将子断层的滑动时间函数分解为若干个时间窗。将子断层的位错分解为待定的走滑和倾滑分量，设定子断层单一时间窗的震源时间函数形状，计算每个子断层的格林函数。利用格林函数和观测记录建立反演方程，采用非负最小二乘法反演破裂过程。由于单纯利用格林函数和观测记录建立的方程为严重病态方程，为了保证解的稳定性，一般增加一些物理限定条件，主要包括：（1）不允许子断层的滑动出现倒退（back-slip）；（2）平滑限定条件，要求相邻子断层和每个子断层相邻时间窗的位错较为平滑；（3）地震矩限定条件，限定地震矩在合理的范围内；（4）断层边缘处位错为零；（5）靠近地表的子断层位错符合地表破裂观测值。线性反演中，子断层的破裂开始时间通过设定的破裂速度和子断层最早破裂的时间窗获得，由此可获得断层面上破裂速度的变化过程。

2. 非线性方法

非线性反演方法自 20 世纪 80 年代后期开始发展，研究人员将遗传算法、模拟退火等非线性方法引入震源过程反演中。非线性反演方法不需要将问题线性化，根据地震的大小和研究人员的经验设定待反演参数的范围。可同时反演各子断层的破裂延迟时间、破裂持续时间与子断层的滑动矢量，无须事先假定子断层的多个可能破裂时段，也不需事先设定破裂的速度。代表性的研究如 Zeng 等（1996）将遗传算法用于美国洛杉矶北岭地震震源过程研究，Hartzell 等（1996）利用混合全局搜索法研究 1992 年美国兰德斯地震震源过程，艾印双、刘鹏程等（1998）发展了一种“自适应全局混合反演”方法。非线性反演方法的困难在于方法从根本上属于统计搜索求解，虽然从理论上说具有全局寻优的特点，但当反演的未知量较多时，即使取大量模型样本，样本点在参数空间的分布实际上仍是相当稀疏的，因而不容易搜索到全局最优点。且非线性搜索方法寻找最优解时，计算效率远远不及线性算法，计算需要较长的时间。

1.2.3　并行计算

大地震断层破裂面积大，因而划分的子断层数量较多。同时，为了更好地获得较为精细的断层破裂过程，所采用近场记录的频带较高，需将断层面划分为更小的子断层，子断层的数目会显著增加。大地震的断层滑动时间较长，特别是位错很大的凹凸体（asperity）部分，破裂速度的变化范围也较大，为了更好地模拟大震的破裂过程，需要给每个子断层更多的滑动时间窗，待反演参数的量显著增加，反演中的计算量甚大，一般不能在单台微机上实现。近年来，随着并行计算技术的发展，并行算法逐步被利用到线性反演中，如 Lee 等（2006）利用基于 MPI 的矩阵并行计算技术，采用三维发震断层模型，由三维速度构造计算格林函数，选用近场 103 个台站的速度记录实现了 1999 年中国台湾集集地震的精细反演，较好地模拟出了子断层的重复滑动、破裂速度的空间变化等细节，研究表明凹凸体部分的滑动时间很长，远大于平均滑动时间。

1.2.4　汶川地震震源破裂过程研究现状

2008 年中国汶川 M_w7.9 级地震造成了大量人员伤亡和非常严重的工程震害，可贵的是震后获得了丰富的观测资料，为研究大震的震源破裂过程、地震波的传播和地震动的分布规律等提供了绝佳的机会。强震观测资料和震后烈度调查表明，汶川地震强地震动的分布范围大，影响范围广，地震动空间差异大。震后的地震地质、地表破裂和已有的震源破裂过程反演结果表明，汶川地震是发生在叠瓦状曲面断层上的一次复杂破裂过程。发震断层所在的龙门山断裂带构造复杂，主要由龙门山后山断裂、中央断裂、前山断裂和山前隐伏断裂 4 条逆断裂构成。破裂从震中向东北侧传播过程中穿过数个阶区，断层长达 300km，在空间上接近平行的两条主破裂带北东向北川-映秀断裂（北川断层）和灌县-江油断裂（彭灌断层）都有地表破裂产生，前者长达 240km，后者长约 72km。北川断层以高川阶区为界分为运动性质不同的南北两段，余震震源机制研究也表明，北川断层北段的余震呈现高倾角的特点；且北段余震分布的宽度明显比南段窄，也可看出断层北段的倾角大于南段。此外，余震沿着断层走向约呈直线分布，可能说明断层的走向不发生变化，但是滑动方向/倾角发生了变化。Nakamura 等（2010）分析哈佛大学 CMT 解给出的 1976～2008 年发生在地壳内的地震发现，倾角小于 45°的地震，滑动类型为走滑的情形是极其少的。而震源破裂过程反演结果表明，北川断层南段以逆冲错动为主，北段转变为以走滑错动为主，说明北段的倾角可能更大。Shen 等（2009）利用 Global Positioning System（GPS）和 Inter-ferometric Synthetic Aperture Radar（InSAR）数据得到汶川地震断层倾角由南向北逐渐变大，在南端倾角约为 43°，在南坝处增加到 56°，在断层北段可能达到了 96°。值得注意的是，在震中东北侧约 45km 处，还存在一条小鱼洞破裂带，其夹持在北川-映秀断裂和灌县-江油断裂之间，长约 6km。一些研究人员对小鱼洞断层的成因进行了分析。复杂的发震断层和地表破裂都表明，汶川地震的破裂过程是极其复杂的。

震后不仅全球地震台网获得了大量远场长周期记录，中国数字强震动台网获得了四川、甘肃、陕西等 17 个省市的 455 个台站记录，在紧靠发震断层 100km 范围内也有 37 个台站的三分量记录。同时，国家重大科学工程中国地壳运动观测网络项目组（2008）还获得了一批龙门山断裂带两侧 GPS 观测资料。中国地震局等单位组织大量科技人员进行地震地表破裂调查，获得了大量的北川断裂和彭灌断裂的同震位移资料。这是多年来较为系统地同时获得了远场记录、近场记录、GPS 观测资料和同震位移资料的 8 级左右特大地震，这些资料为精细反演可靠的汶川地震破裂过程以及地震动场的模拟提供了必要的基础数据。

对于汶川地震，目前许多研究人员给出了此次地震的震源破裂过程。震后，为了快速得到震源破裂过程，一般采用远场长周期记录，因为远场记录可在震后快速获得。汶川地震后约 4 小时，就可从 IRIS 获得相关波形资料。之后，随着可用数据的增多，例如近场记录、GPS 资料和同震位移等，一般联合多种数据来反演破裂过程。这些研究给出了震源破裂的主要特征：汶川地震表现为以逆冲为主、兼具右旋走滑分量，破裂长度超过 300km，破裂持续时间达 100s，断层面上的滑动量分布极不均匀，其中位错最大的两个凹凸体位于地震破坏最严重的映秀和北川地区。但由于不同研究结果采用的断层模型、反演所用的数据和反演参数等的不同，得到的动态破裂过程也存在较大的差异。总结目前的研究结果，存在如下不足之处：

断层模型与实际调查结果差别较大。王卫民等（2008）采用不同倾角的直面断层构成的曲面断层来模拟北川断层发震，同时考虑了彭灌断裂的发震。这一模型在发震断层的南部大致符合徐锡伟等（2008）利用地震勘探剖面、地表破裂带展布、地表地质资料、余震重定位结果等构建的三维发震构造模型，但在断层北部特别是北川以北，断层倾角要大于南段。王卫民等未考虑这一特点，而是采用了南北一致的断层模型。Nakamura 等（2009）考虑了余震分布的这一特征，对北川断层南北两段采用了不同的倾角，南部约 100km 采用 33°倾角，北部 190km 采用 60°倾角。但北川断裂南部未采用曲面断层且不考虑彭灌断裂为发震断层，这与彭灌断层也产生地表破裂相悖。Koketsu 等（2008）的模型同样不考虑彭灌断层。张勇等（2008）和赵翠萍等（2009）采用根据矩张量解获得的单一倾角的直面断层，且不将彭灌断裂作为发震断层。不考虑破裂断层的几何复杂性获得的震源过程在远场近似是可以的，对于近场是不够准确的，特别是由此震源过程建立的震源模型在模拟近场地震动是不足的。

震源破裂过程反演时，较少讨论断层间的破裂顺序。汶川地震时，破裂从断层南段往北侧传播过程中穿过多个横向构造部位，特别在震中北东 45km 处，小鱼洞断层、北川断层和彭灌断层三者之间呈现复杂的断裂切割相交关系。北川-映秀断裂和灌县-江油断裂在小鱼洞断层两侧出现了明显的错位和不连续现象，小鱼洞断层西南侧两者相距 5～7km，小鱼洞断层东北侧则相距 7～15km。余震精定位结果显示，在小鱼洞破裂带的西北延伸方向存在一条近乎直立的长约50～60km 的余震分布带，余震震源机制解表明其为左旋走滑性质，与北川-映秀断裂高川以南的余震表现出的逆冲性质明显不同。这表明，断层破裂到与小鱼洞断层相交处可能出现了某种重要的转换。断层从初始破裂点往浅处扩展，是同时触发北川断层高倾角部分和彭灌断层破裂；还是先触发其中一个断层，引起小鱼洞断层破裂进而触发另一断层，是十分值得研究的问题。但大部分关于破裂过程反演的研究，没有对此问题给出充分的论证，只有较少的研究涉及。

基于近场记录的反演表明，断层面上滑动速率较大的区域，其周边台站往往观测到较大的水平向 PGV。1999 年中国台湾集集地震（$M_w7.6$），近断层台站 TCU068 观测的水平向 PGV 达 4.0m/s，断层面上相邻区域滑动速度达 2.5m/s。汶川地震中，近断层台站 51MZQ 观测的东西向 PGV 达 1.0m/s，是所有台站中的最大值；51SFB 台东西和南北向 PGV 也达 0.6m/s 和 0.7m/s。台站观测大的 PGV 与断层面上的滑动速率是否有关联？震源破裂过程反演结果表明，空间上接近平行的北川断层南段和彭灌断层都有滑动产生，所采用的数据能否区分两者的滑动分布？断层面上滑动分布是否可靠？破裂速度对断层面上滑动分布和错动形式有什么影响？上述问题的研究也很欠缺。

1.3 震源高频辐射分布研究及汶川地震高频辐射研究现状

研究震源高频辐射（大于 1Hz）分布时，一般采用包络作为反演的数据。包络反演断层面高频辐射，假设断层为有限断层，把断层划分为一系列子断层，可用理论方法和经验方法求子断层在台站产生的包络。理论方法有 Zeng 等（1993）采用的射线理论方法，Nakahara 等（1998）采用的辐射传递理论方法。经验方法有 Kakehi 和 Irikura（1996）、Hartzell 等（1996）利用经验格林函数求子断层产生的包络。经验格林函数由台站得到的小震记录做校正后求得。这种方法要求所选台站必须记录到大震和小震记录。一般认为，震源时间函数的奇异性和断层面上破裂传播的不规则性（破裂速度产生突变）容易激发高频地震波。因此断层面上高频辐射的研究，对深入认识地震破裂的动力学特性有重要意义，为模拟高频地震动提供可靠的震源模型。从建筑物的抗震方面，大量工程结构的自振周期小于 1s，断层面上辐射的高频地震波对这些结构有重要影响。

基于波形反演震源破裂过程频率上限一般取到 1Hz，为了更全面地分析断层破裂过程，利用高频波形分析破裂过程是很有必要的。为了解决基于波形的反演，所用频带上限的限制，Zeng 等（1993）和 Cocco 等（1993）提出了利用加速度的包络代替地震记录作为反演数据，采用包络反演方法来分析断层面上高频辐射。Kakehi 等（1996）采用小震记录作为经验格林函数，基于小地震合成大地震的思想，发展了一种包络反演方法。利用经验格林函数来考虑传播介质和场地条件的影响。后来，采用包络反演方法，获得了许多地震的高频辐射分布，如1989 年美国洛马普雷塔 M_w7.1 地震、1993 年日本冲绳 M_w7.6 地震（Kakehi 等（1996），1995 年日本兵库县南部 M_{JMA} 7.2 地震和 2011 年东日本 M_w9.0 地震得到断层面上高频辐射有如下的特点：断层面上高频地震波辐射强的区域通常位于断层面上大的凹凸体的周边，或断层的边缘区域，由于破裂速度发生变化或破裂停止激发了高频地震波。这些结论符合断层动力破裂的理论研究结果。此外，一些地震断层面高频辐射又表现出不同的特点。Kakehi 等（1996）发现 1995 年日本兵库县南部 M_{JMA} 7.2 地震断层破裂到地表的区域，高频和低频辐射都很强。Kakehi 等（1997）得到 1993 年日本北海道 M_w7.5 地震断层面上高频辐射不仅位于断层的周边，在余震沿深度方向不连续的区域也有较强的高频辐射，且凹凸体的周边没有出现高频辐射强的现象。这表明，高频辐射与凹凸体的位置可能没有对应关系，Nakahara 等（1998）发现 1994 年日本三陆町 M_w7.7 地震断层面上高频辐射也有相同的特点。Aguirre 和 Irikura（2003）对日本兵库县南部 M_{JMA}7.2 地震高频辐射重新进行研究，发现两个断层交界的地方也有较强的高频辐射产生。Nakahara（2008）分析了 9 个 M_w5.9~8.3 地震的高频辐射，发现 4 个地震高频辐射强的区域位于凹凸体的周边区域，4 个地震高频辐射与凹凸体的位置没有对应关系。这些差异说明了震源破裂过程的复杂性，关于断层面高频辐射特点的研究还需要更多地震实例作为补充。

目前，关于汶川地震高频辐射分布的研究还较少。杜海林等（2009）、Zhang 和 Ge（2010）分析了汶川地震高频能量辐射源的时空变化特点，频带范围分别为大于 0.1Hz 和 0.4~2Hz。两者的研究结果表明，断层西南段从初始破裂点沿走向到北川附近，高频能量辐射源的分布明显多于断层东北段，表明断层西南段高频能量辐射比东北段大。所以关于汶川地震高频辐射分布的特点，需要进一步研究。

震源破裂过程可为地震动的模拟提供震源模型。混合宽频带格林函数法，将格林函数分低频和高频两部分，低频格林函数根据位移表示定理计算得到，可以考虑近断层地震动的方向性效应、速度脉冲、永久位移等特点，是近断层地震动模拟的有效方法。得到宽频带格林函数后，结合从低频和高频两方面得到的震源破裂过程，就可合成近场地震动。

1.4 本书的研究内容及篇章结构

本书基于多段直面断层构建的曲面断层，采用远场记录、近场记录、GPS 数据和同震位移数据，反演了震源破裂过程；基于汶川地震近场加速度记录的包络，研究了高频辐射分布。

第1章，分别介绍了震源破裂过程研究中格林函数的计算、反演方法以及汶川地震破裂过程研究现状。震源高频辐射研究的方法和汶川地震高频辐射研究现状。

第2章，介绍了震源破裂过程反演和震源高频辐射反演的原理。

第3章，利用远场记录以及GPS资料分别反演了汶川地震破裂过程。远场记录反演时，取不同破裂速度分析了断层面上位错的分布；结合同震位移数据分析了合理的破裂方式。

第4章，采用近场速度记录反演了断层的滑动过程，分析了较详细的破裂过程，探讨了可能的破裂方式。

第5章，分别联合远场记录和近场记录；远场记录、近场记录、GPS资料和同震位移数据给出了断层破裂过程。

第6章，通过芦山地震记录建立的加速度包络衰减关系和汶川地震近场加速度包络，反演了断层面上高频辐射分布。

第2章

震源破裂过程及高频辐射反演原理

震源破裂过程反演时首先需要选取合适的断层面，再把断层面划分为子断层，将子断层用点源表示，台站的理论记录通过所有子断层作为点源在台站产生记录的叠加。本章首先介绍震源破裂过程反演原理和格林函数的计算方法，运用这种方法反演汶川地震破裂过程，再介绍了反演汶川地震高频辐射分布的高频辐射反演原理。

2.1 震源破裂过程反演原理

根据位移表示定理，断层面的错动在场点产生的位移可用式（2-1）求得：

$$U_n(x,t) = \int_{-\infty}^{+\infty} d\tau \iint_{\Sigma} [\Delta u_i(\xi,\tau)] c_{ijpq} v_j G_{np,q}(x,t;\xi,\tau) d\Sigma \qquad (2-1)$$

式中 $U_n(x,t)$ ——场点 x 处 n 分向的位移；

$\Delta u_i(\xi,\tau)$ ——断层面上 ξ 点发生的错动；

c_{ijpq} ——断层所在介质的弹性模量；

v_j ——断层面法向的方向余弦；

$G_{np,q}(x,t;\xi,\tau)$ ——格林函数 $G_{np}(x,t;\xi,\tau)$ 对 ξ_q 的空间偏导数；

$G_{np}(x,t;\xi,\tau)$ ——断层面上 ξ 点在 τ 时刻在 p 方向作用单位力，在场点 x 处 t 时刻 n 方向产生的位移；

Σ ——整个断层面，对整个断层面上积分就可得到断层面发生错动，在任意场点的位移。

考虑实际情况中，发震断层所在的介质性质一般是非均匀的，断层面不一定是二维平面，也可能是复杂的曲面，因此式（2-1）中弹性模型 c_{ijpq} 和断层面法向的方向余弦 v_j，与断层面上 ξ 的位置有关，写成如下形式：

$$U_n(x,t) = \int_{-\infty}^{+\infty} d\tau \iint_{\Sigma} [\Delta u_i(\xi,\tau)] c_{ijpq}(\xi) v_j(\xi) G_{np,q}(x,t;\xi,\tau) d\Sigma \qquad (2-2)$$

用地震记录来反演震源破裂过程时，地震记录是离散的数据，将式（2-1）中的两个积分写成求和的形式。将断层面沿走向和倾向均匀划分为 $NL \times NW$ 个子断层，将子断层滑动量分解为走滑和倾滑两个分向，写成如下累积求和形式：

$$U_n(x,t) = \sum_{l=1}^{NL} \sum_{m=1}^{NW} (u_{lm}^s(x,t-t_{lm}) + u_{lm}^d(x,t-t_{lm})) \tag{2-3}$$

式中　u_{lm}^s、u_{lm}^d——第（l，m）个子断层沿走向和倾向的滑动，在场点处产生的位移；

　　　　t_{lm}——子断层的破裂延时。

为了表示断层面上不同位置滑动过程和破裂速度的变化，采用多重时间视窗技术，将子断层上升时间离散为一系列的时间视窗。假设子断层包含 n_{lw} 个时间视窗，式（2-3）为：

$$U_n(x,t) = \sum_{l=1}^{NL} \sum_{m=1}^{NW} \sum_{n=1}^{n_{lw}} [D_{lmn}^S u_{lm}^{sunit}(x,t-t_{lm}) + D_{lmn}^D u_{lm}^{dunit}(x,t-t_{lm})] \tag{2-4}$$

式中　u_{lm}^{sunit}、u_{lm}^{dunit}——第（l，m）个子断层沿走向和倾向发生单位滑动时，在场点处产生的位移；

　　　　D_{lmn}^S、D_{lmn}^D——第（l，m）个子断层第 n 个视窗沿走向和倾向的滑动大小。反演时形成如式（2-5）所示的线性方程，以矩阵形式表示为：

$$\begin{bmatrix} \begin{Bmatrix} A_{11} & A_{12} & \cdots & A_{1m} \\ A_{21} & A_{22} & \cdots & A_{2m} \\ \vdots & \vdots & & \vdots \\ & & & \\ & & & \\ A_{n1} & A_{n2} & \cdots & A_{nm} \end{Bmatrix} \end{bmatrix} \cdot \begin{bmatrix} x_1 \\ x_2 \\ \vdots \\ x_n \end{bmatrix} \cong \begin{bmatrix} \begin{Bmatrix} b_1 \\ b_2 \\ \vdots \\ \\ \\ b_n \end{Bmatrix} \end{bmatrix} \tag{2-5}$$

$$A \cdot x \cong b$$

式中　A——子断层在台站产生的格林函数矩阵；

　　　　x——子断层的滑动量，为待反演参数；

　　　　b——观测记录组成的矩阵。矩阵 A 的每一列表示子断层在所有台站产生的格林函数。A 矩阵的行数与 b 矩阵相同，大小由台站的个数、所用分量数、记录的长度决定。A 矩阵的列数与待反演参数 x 的个数相同，受子断层个数、时间视窗的多少和滑动分量（走滑和倾滑分量）决定。

计算格林函数矩阵 A 时，需要假定子断层滑动时间函数的形式，常用的有等腰三角形函数和箱型函数。本书在反演汶川地震时，取等腰三角形函数，如下式：

$$s(t) = \frac{1}{\tau} \begin{cases} 0 & t \leqslant 0 \\ \dfrac{t}{\tau} & 0 \leqslant t \leqslant \tau \\ 2 - \dfrac{t}{\tau} & \tau \leqslant t \leqslant 2\tau \\ 0 & t \geqslant 2\tau \end{cases} \tag{2-6}$$

每个子断层包含 5 个时间视窗，子断层允许最大上升时间 10s。子断层格林函数取滑动角为 90°和 180°，子断层走滑和倾滑矢量和给出最终的滑动量和滑动方向。采用非负最小二乘法求解方程（2-5）时，由于 A 是病态矩阵，格林函数或记录较小扰动，会导致解 x 产生较大变化，结果不稳定，求解时施加约束使结果稳定且符合实际物理过程。在此施加平滑、地震矩最小约束以及限定地表子断层滑动量接近同震位移值，考虑断层周边不出现应变突变，限定周边子断层滑动量很小，方程为：

$$\begin{bmatrix} C_d^{-1}A \\ \lambda_1 S \\ \lambda_2 M \\ \lambda_3 B \\ \lambda_4 F \end{bmatrix} [x] \cong \begin{bmatrix} C_d^{-1}b \\ 0 \\ 0 \\ 0 \\ D \end{bmatrix} \tag{2-7}$$

式中　　C_d^{-1}——对记录进行归一化的对角矩阵，使反演中记录占相同权重；

　　　　S——平滑矩阵，限定同一子断层内相邻时间视窗和相邻子断层的走滑以及倾滑量接近；

　　　　M——单位对角矩阵；

　　　　B——约束除地表外的周边子断层的滑动量；

　　　　F——约束地表子断层滑动量接近同震位移值；

λ_1、λ_2、λ_3、λ_4——系数，既要满足约束条件，也要满足合成记录。

反演中，经过多次尝试，系数满足结果稳定性的要求，也使残差合理。残差在此取为：

$$misfit = \frac{\sum_i \int (x_i(t) - y_i(t))^2 \mathrm{d}t}{\sum_i \int x_i(t)^2 \mathrm{d}t} \tag{2-8}$$

式中　x_i、y_i——观测记录与合成记录。

2.2　远场、近场和 GPS 台站格林函数的计算

远场格林函数采用射线理论方法计算，近场格林函数采用离散波数法计算，滤波

频带和采样间隔与记录相同。远场台站的震相到时由 AK135 全球速度构造模型求得。在近场区域，龙门山推覆构造带上盘叠瓦状推覆体一侧存在 3～5km 厚的低速低阻层，埋深 15～20km，地壳厚度从龙门山区 50～60km，减少到四川盆地 40～45km。所以断层的上盘和下盘地壳厚度和介质速度构造不同，需选用不同的速度构造模型。近场速度构造参考 Hartzell 等（2013）给出的上盘和下盘的速度构造，如表 2-1 所示。

速度构造　　　　　　　　　　　　　　　　　　表 2-1

四川盆地(下盘)	V_p(km/s)	V_s(km/s)	密度(g/ml)	厚度(m)	Q_p	Q_s
	4.8	2.7	2.2	6	200	100
	6.0	3.4	2.4	4	600	300
	6.2	3.5	2.6	15	600	300
	6.6	3.8	2.8	15	600	300
	8.08	4.47	3.37	—	800	400
青藏高原(上盘)	6.0	3.4	2.4	10	600	300
	6.2	3.5	2.6	15	600	300
	5.9	3.1	2.6	20	600	300
	6.6	3.8	2.8	10	600	300
	8.08	4.47	3.37	—	800	400

图 2-1 给出了距离北川断层南端 10km、65km 和 125km 处，从浅处到深处子断层在远场台站 BRVK 垂直向和近场台站 51WCW 的东西向走滑和倾滑格林函数，断层模型见 3.4 节。每幅图从上到下依次表示深度从浅到深的子断层的格林函数。可以看出，断层在远场台站产生的格林函数，沿走向变化较小，而沿倾向变化较明显；对于同一深度子断层的位错，只能根据它们震相到时不同加以区分。在近场台站产生的格林函数，沿走向和倾向都有明显的变化，正是这种差异使得基于近场数据的反演可揭示断层破裂的细节。

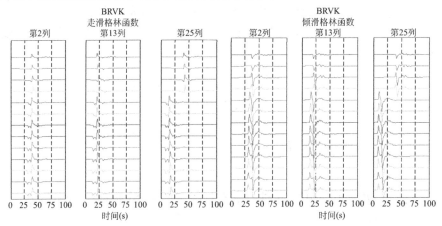

图 2-1　北川断层第 2、13 和 25 列子断层在远场台站 BRVK 垂直向和近场台站
51WCW 东西向走滑（180°）和倾滑（90°）格林函数，对应本书破裂方式 2（一）

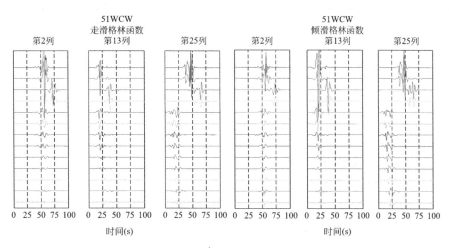

图 2-1　北川断层第 2、13 和 25 列子断层在远场台站 BRVK 垂直向和近场台站
51WCW 东西向走滑（180°）和倾滑（90°）格林函数，对应本书破裂方式 2（二）

2.3　震源高频辐射反演原理

用大于 1Hz 的近场地震波形进行震源反演需要解决两个难题：一是对地球
介质中地震波波速的精细结构了解不够，计算反映真实地球介质的格林函数是困
难的；二是大于 1Hz 的地震波形震荡剧烈，用其作为波形反演的数据比较困难。
Kakehi 和 Irikura（1996 年）提出利用余震记录作为经验格林函数、用加速度的
包络作为反演数据来解决这两个难题，并采用包络反演得到一系列地震断层面上
高频辐射区域分布。此种反演震源高频辐射分布的方法是基于大小地震间的定标
率和利用经验格林函数法通过小震记录合成大震记录。

假定大小地震间符合定标率（scaling law），即大、小地震有相同的应力降
（$M_0 f_0^3$＝常数）。大小地震的断层参数有如下的关系：

$$L/l＝W/w＝T/\tau＝(M_0/m_0)^{1/3}＝N, D/d＝N \tag{2-9}$$

其中，L 和 l、W 和 w、T 和 τ、M_0 和 m_0 以及 D 和 d，分别表示大小
地震的断层长度、宽度、滑动持续时间、地震矩和滑动量。地震矩为 $M_0＝$
$\mu D A$，其中 μ 为刚性系数，A 为断层的面积。如果震源谱符合布龙模型
（ω^{-2} 模型）：

$$U(f)＝\frac{\overline{U}}{1+(f/f_c)^2} \tag{2-10}$$

其中，f_c 为拐角频率，$\overline{U}$ 为频率小于 f_c 平台段的幅值，由上述两式可得：

$$\frac{\overline{U}}{\overline{u}} = \frac{M_0}{m_0} = N^3 \tag{2-11}$$

式中，$\overline{U}$ 和 $\overline{u}$ 分别为大小地震位移谱低频段的幅值，加速度谱高频段（大于 f_c）的幅值存在如下关系：

$$\frac{\overline{A}}{\overline{a}} = \left(\frac{M_0}{m_0}\right)^{1/3} = N \tag{2-12}$$

式中，$\overline{A}$ 和 $\overline{a}$ 是加速度谱高频段的幅值。

以上关系是基于大小地震有相同的应力降这个条件，而实际上，大小地震的应力降一般不相同：

$$c = \Delta\sigma_L / \Delta\sigma_S \tag{2-13}$$

c 表示大小地震应力降的比值，加入 c 后式变成以下形式：

$$\frac{\overline{U}}{\overline{u}} = \frac{M_0}{m_0} = cN^3 \tag{2-14}$$

$$\frac{\overline{A}}{\overline{a}} = \left(\frac{M_0}{m_0}\right)^{1/3} = cN \tag{2-15}$$

由以上两式可得 c 和 N。

大地震断层面划分为一系列的子断层，子断层的尺寸与小震的尺寸相同。假设大地震沿走向和倾向划分为 NL 和 NW 个，令 $NL \times NW \times NT$ 等于 N^3，可得每个子断层发生小震的个数 NT。第 ij 个子断层内由 NT 个小震在场点处产生的加速度 A_{ij} 通过传递函数（transfer function）叠加得到。

$$A_{ij} = \frac{1}{n} \sum_{k=1}^{(NT-1)\cdot n} \delta(t - t_{ij} - \frac{(k-1)\cdot\tau_L}{(NT-1)\cdot n}) \cdot a_{ij} \tag{2-16}$$

$$t_{ij} = \xi_{ij}/v_{ij} + r_{ij}/v \tag{2-17}$$

$$a_{ij} = \frac{A_s \cdot r_s}{r_{ij}} \tag{2-18}$$

其中，下标 ij 表示大震断层面上子断层的位置，i 表示子断层沿走向的位置，j 表示沿倾向的位置；τ_L 表示大震震源上升时间。子断层由 NT 个子震合成的加速度时程，其谱值会出现伪周期（spurious periodicity），位置为 $p\tau_L/(NT-1)$，p 为正整数，如果 NT 不够大，出现伪周期的位置位于我们所关心的周期范围内；所以加入参数 n，使合成记录伪周期出现的位置远小于所关心的周期范围；t_{ij} 表示断层破裂和地震波传播产生的时间延时，ξ_{ij} 表示第 (i, j) 个子断层与主震震源的距离，v_{ij} 表示第 (i, j) 个子断层的破裂速度，v 表示震相传播速度，r_{ij} 表示场点相对于第 (i, j) 个子断层的距离；a_{ij} 表示由余震作为经验格林函数修正得到的第 (i, j) 个子断层在场点处的加速度时程；A_s 表示余震在场点处的加速度时程，r_s 表示场点相对于余震的震源距。场点处最终合成加速度时程为：

$$A = c \sum_{i=1}^{NX} \sum_{j=1}^{NW} A_{ij} \tag{2-19}$$

为了表示断层面上不同位置辐射高频的强弱，在上式中加入 w_{ij} 表示：

$$A = c \sum_{i=1}^{NX} \sum_{j=1}^{NW} w_{ij} A_{ij} \tag{2-20}$$

第3章

远场以及GPS资料反演汶川地震破裂过程

目前许多研究给出汶川地震的破裂过程，但较少讨论断层间的破裂顺序。基于远场记录的反演，大多关注断层面上位错分布的位置和错动形式。远场记录的空间分辨率有限，可能不易确定汶川地震复杂断层的破裂过程。本章综合考虑汶川地震三维发震构造模型、余震分布信息和地表破裂调查等资料，建立更符合实际的曲面断层模型。根据北川断层、彭灌断层和小鱼洞断层可能的破裂顺序，将破裂方式分为3种，取破裂速度从 2.0~3.4km/s，采用远场 36 个台站垂直向 P 波位移记录反演汶川地震破裂过程，分析了破裂速度对断层面上位错分布和错动形式的影响。为了确定合理的破裂顺序，将远场记录反演结果与同震位移数据进行比较，得到了可能的破裂顺序；同时采用 120 个台站水平向 GPS 数据反演了断层破裂过程。

3.1 远震数据

远场记录从美国地震学研究联合会（IRIS）全球台站（http：//ds.iris.edu/wilber3）选取以震中为中心震中距 30°~90°范围内方位角覆盖较均匀的 36 个台站垂直向（BHZ）P 波记录，表 3-1 和图 3-1 给出了台站位置和震中距。从图 3-1 可以看出，台站的方位角覆盖较均匀，这对于反演较合理的破裂过程至关重要。将记录扣除仪器响应积分成位移记录，为了不破坏震相到时信息，采用 3 阶 Butterworth 带通无相移滤波，频带取 0.02~0.5Hz。记录重采样为间隔 0.2s，计算的远场格林函数不包含 PP 震相后的信息，所以截取 P 和 PP 震相之间的波形作为反演数据。P 和 PP 震相到时为震源处波形传播到台站的时间。台站方位角不同，P 和 PP 震相的到时差不同，截取的台站记录长度有差别。远场不同方位角台站的波形具有很高的相似性，大部分台站波形可分为 4 段，以 KMBO 台站为例说明（图 3-2）。第 1 段从 0~10s，持续 10s，幅值较小；第 2 段从 10~58s，持续约 50s，此段是记录幅值最大的波段；第 3 段从 58~78s，持续约 20s，此波段幅值也较小；78s 之后是第 4 段，此波段持续时间较长，幅值也较小。

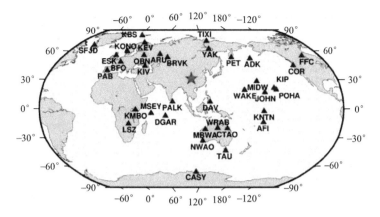

图 3-1　震中及远场 36 个台站位置

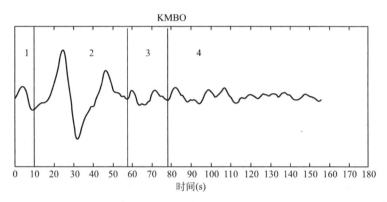

图 3-2　KMBO 台站记录，将记录分为 4 段

远场 36 个台站位置和震中距　　　　　　　　　　　表 3-1

台站名称	经度(°)	纬度(°)	震中距(km)
DAV	125.58	7.07	3508.50
PALK	80.70	7.27	3529.84
BRVK	70.28	53.06	3627.13
YAK	129.68	62.03	3941.31
ARU	58.56	56.43	4468.31
TIXI	128.87	71.63	4779.07
PET	158.65	53.02	5031.84
DGAR	72.45	−7.41	5376.36
KIV	42.69	43.96	5437.55
OBN	36.57	55.11	5802.02

台站名称	经度(°)	纬度(°)	震中距(km)
MBWA	119.73	−21.16	6022.61
KEV	27.00	69.76	6292.29
WAKE	166.65	19.28	6424.96
MSEY	55.48	−4.67	6436.86
WRAB	134.36	−19.93	6529.31
KBS	11.94	78.92	6681.23
ADK	−176.68	51.88	6705.00
NWAO	117.24	−32.93	7216.93
CTAO	146.25	−20.09	7269.38
KONO	9.60	59.65	7298.18
MIDW	−177.37	28.22	7506.91
KMBO	37.25	−1.13	7823.01
BFO	8.33	48.33	7858.96
ESK	−3.21	55.32	8197.06
JOHN	−169.53	16.73	8800.59
SFJD	−50.62	67.00	8927.27
PAB	−4.35	39.54	9225.86
TAU	147.32	−42.91	9325.29
LSZ	28.19	−15.28	9522.14
KIP	−158.01	21.42	9584.75
KNTN	−171.72	−2.77	9681.36
POHA	−155.53	19.76	9901.50
FFC	−101.98	54.73	10207.22
AFI	−171.78	−13.91	10313.15
COR	−123.31	44.59	10398.65
CASY	110.54	−66.28	10795.25

3.2　同震位移数据

　　许多研究人员给出了汶川地震的同震位移调查结果，但是不同的结果也有一定的差异。徐锡伟等（2008，2010）基于野外实地观测和全站仪或差分 GPS 仪实测数据，通过对已有结果的合理性分析，补充相对独立的新资料，重新客观地论证汶川地震地表破裂带展布样式、长度、最大同震位移值等基本参数。本书作者认为其得到的结果全面准确度较高，以此作为震源破裂过程反演的约束条件，约束地表子断层的滑动（表 3-2）。所取子断层长 5km，当一个子断层对应多个同震位移时取其平均值。考虑相邻子断层滑动不出现大的突变，未观测到同震位移的部分子断层走滑和倾滑值都取 1.0m。表中，PGF、BCF1 和 BCF5 子断层编号都从最南端近地表处开始，南端子断层编号 1，北端子断层编号分别为 26、26 和 36。

北川断层和 PGF 地表子断层滑动量约束值　　　　　　表 3-2

地表子断层编号	PGF		BCF1		BCF5	
	走滑（m）	倾滑（m）	走滑（m）	倾滑（m）	走滑（m）	倾滑（m）
1	0.10	0.10	1.00	1.00	2.10	2.60
2	0.10	0.10	1.00	1.00	4.33	5.19
3	0.10	0.10	1.00	1.00	2.10	2.60
4	0.10	0.10	1.00	1.00	1.60	2.00
5	0.10	0.10	1.00	1.00	1.20	1.53
6	0.10	0.10	1.00	1.10	2.48	3.52
7	0.10	0.10	0.10	2.29	2.39	6.52
8	0.10	0.10	0.10	1.10	3.18	4.10
9	0.10	0.10	1.47	1.47	1.38	3.68
10	0.10	0.10	4.51	1.70	3.45	2.50
11	0.10	0.10	4.50	6.23	3.00	2.60
12	0.10	0.10	4.30	2.69	2.58	2.70
13	1.00	1.00	0.00	4.58	3.40	4.05
14	1.00	1.00	0.10	2.20	1.70	2.00
15	0.00	2.31	1.90	1.90	0.80	1.00
16	0.10	1.50	2.21	1.73	0.80	0.90
17	0.99	2.75	0.00	5.00	0.90	0.80
18	0.49	1.30	0.10	2.50	1.93	1.50
19	0.00	0.60	2.00	2.00	2.55	2.41
20	0.10	0.10	0.10	1.70	3.50	1.73
21	0.16	1.10	0.00	3.40	3.40	0.54
22	0.00	1.54	0.10	3.10	1.70	0.20
23	2.91	3.52	0.00	2.99	1.00	1.00

续表

地表子断层编号	PGF		BCF1		BCF5	
	走滑(m)	倾滑(m)	走滑(m)	倾滑(m)	走滑(m)	倾滑(m)
24	0.55	1.37	1.47	3.81	1.00	1.00
25	0.00	0.93	0.00	3.36	1.00	1.00
26	0.00	0.49	1.61	3.22	1.00	1.00
27					1.00	1.00
28					1.00	1.00
29					1.00	1.00
30					1.00	1.00
31					1.00	1.00
32					1.00	1.00
33					1.00	1.00
34					1.00	1.00
35					1.00	1.00
36					1.00	1.00

同震位移数据显示（图 3-3）：PGF 上地表破裂集中在与小鱼洞断层相交处到汉旺区域，白鹿和绵竹附近的值达 2.8m 和 4.0m，在彭灌断层南半段不产生同震位移。在北川断层上，同震位移分布的范围较大，集中在映秀、清平、北川和南坝四个区域，其中虹口和北川地区是同震位移最大的两个区域，最大值达 6.2m 和 6.9m。将同震位移作为限定条件的好处是，我们知道哪些区域产生地表破裂，并且知道具体的数值。

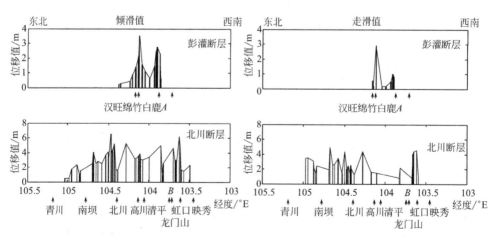

图 3-3　同震位移值（其中 A 和 B 点分别表示 PGF 和北川断层与小鱼洞断层相交处）

3.3 GPS 数据

国家重大科学工程"中国地壳运动观测网络"项目组在汶川地震后获得了详细的 GPS 观测数据。在此选取 120 个水平位移数据作为反演资料，如表 3-3 所示，表中，水平向位移向东和向北为正，台站位置如图 3-4 所示。其中，在北川附近的 H035 台站观测到的水平向位移最大，东西向位移达 2.379m，南北向位移为 0.481m，该台距地表破裂带大约 2km。在地表破裂带的南端，H049 台观测到的东西向位移达 1.276m，南北向位移为 0.801m；在地表破裂带的北端，H010 台观测到东西向位移为 0.415m，南北向位移达 1.005m。随着台站断层距的增加，观测的永久位移迅速下降。位于下盘，断层距约为 100km 的 2037 台站，观测的东西向位移为 0.115m，南北向位移仅为 0.026m。位于上盘，断层距约为 90km 的 H034 台站，观测的东西向位移为 0.209m，南北向位移仅为 0.055m。

水平向 GPS 观测数据   表 3-3

观测点	东经(°)	北纬(°)	东西位移(m)	南北位移(m)	上/下盘
Z246	30.87	103.58	−0.378	0.366	下盘
PIXI	30.91	103.76	−0.563	0.426	下盘
2049	30.62	103.64	−0.118	0.12	下盘
H060	30.415	103.41	−0.023	0.005	下盘
QLAI	30.35	103.31	−0.015	−0.003	下盘
H058	30.732	104.077	−0.204	0.14	下盘
CHDU	30.64	104.06	−0.158	0.117	下盘
H044	31.353	104.186	−0.983	0.397	下盘
H048	31.156	104.44	−0.303	0.099	下盘
2033	30.06	103.09	−0.01	−0.007	下盘
RENS	30.2	104.1	−0.051	0.04	下盘
ZHJI	31.01	104.55	−0.203	0.073	下盘
H064	30.041	103.845	−0.024	0.015	下盘
JYAN	30.39	104.55	−0.071	0.042	下盘
HN02	30.32	104.58	−0.064	0.035	下盘
MYAN	31.44	104.73	−0.305	0.066	下盘

观测点	东经(°)	北纬(°)	东西位移(m)	南北位移(m)	上/下盘
H043	31.486	104.781	−0.304	0.055	下盘
LESH	29.57	103.75	−0.012	0.007	下盘
HN05	29.66	104.07	−0.021	0.006	下盘
2037	31.08	105.07	−0.115	0.026	下盘
ROXI	29.46	104.43	−0.017	0.01	下盘
2052	30.51	105.55	−0.042	0.02	下盘
NEIJ	29.62	105.12	−0.022	0.011	下盘
RCPL	29.53	105.35	−0.018	0.009	下盘
JB24	30.8	106.03	−0.037	0.015	下盘
Z158	31.84	105.95	−0.1	0.036	下盘
HCYT	30.11	106.37	−0.022	0.008	下盘
JJML	29.18	106.25	−0.011	0.006	下盘
BNSL	29.3	106.85	−0.01	0.004	下盘
LPFP	30.77	107.86	−0.015	0.004	下盘
KXLJ	31.08	108.17	−0.014	0.005	下盘
FDLH	29.82	108.02	−0.01	0.006	下盘
WANZ	30.75	108.46	−0.01	0.004	下盘
FJHT	31.11	109.12	−0.008	0.003	下盘
FJXL	30.67	109.44	−0.007	0.002	下盘
H050	31.008	103.145	0.64	−0.374	上盘
H049	31.06	103.691	−1.276	0.801	上盘
2031	31	102.37	0.163	−0.003	上盘
H061	30.251	102.84	−0.002	−0.017	上盘
H046	31.85	102.67	0.237	−0.124	上盘
YAAN	29.98	103.01	−0.004	−0.008	上盘
Z040	32.04	103.68	0.31	−0.034	上盘
H037	32.075	103.165	0.222	−0.113	上盘
JB34	31.705	102.306	0.187	−0.066	上盘
Z122	31.69	104.45	−0.945	0.439	上盘

续表

观测点	东经(°)	北纬(°)	东西位移(m)	南北位移(m)	上/下盘
H047	31.466	102.095	0.156	−0.032	上盘
H035	31.801	104.443	−2.379	0.481	上盘
H072	29.79	102.816	0.001	−0.01	上盘
H052	30.96	101.87	0.084	0.002	上盘
H076	29.601	103.468	−0.008	−0.003	上盘
CP02	30.07	102.15	0.008	0.004	上盘
H034	32.361	103.731	0.209	−0.055	上盘
MAON	30.6	101.75	0.041	0.005	上盘
H073	29.848	102.29	0.009	−0.015	上盘
H030	32.59	103.613	0.136	−0.048	上盘
H066	30.073	101.788	0.013	−0.009	上盘
JB35	30.495	101.496	0.03	−0.006	上盘
H040	31.77	101.61	0.086	−0.025	上盘
H078	29.688	102.08	0.003	−0.014	上盘
TAGO	30.33	101.53	0.022	0.003	上盘
CP11	29.29	102.87	−0.007	−0.008	上盘
H077	29.348	102.655	−0.001	0.002	上盘
H032	32.405	104.571	0.466	0.07	上盘
H081	29.228	103.261	−0.009	−0.008	上盘
2020	32.36	104.69	0.686	0.251	上盘
2017	32.81	103.65	0.089	−0.038	上盘
H067	30.075	101.485	0.008	−0.001	上盘
QIME	31.02	101.19	0.045	0	上盘
H053	30.95	101.163	0.043	0.002	上盘
H082	29.263	102.438	0.004	−0.002	上盘
H074	29.846	101.558	0.008	0.001	上盘
WARI	30.88	101.12	0.038	0.001	上盘
H031	32.785	102.5	0.066	−0.046	上盘
H025	32.93	103.435	0.062	−0.041	上盘

续表

观测点	东经(°)	北纬(°)	东西位移(m)	南北位移(m)	上/下盘
H012	32.02	105.46	−0.242	0.053	上盘
H062	31.143	100.93	0.045	−0.006	上盘
H068	30.106	101.023	0.012	−0.004	上盘
H010	32.57	105.23	0.415	1.005	上盘
H054	31.3	100.75	0.037	−0.004	上盘
H022	33	104.625	0.049	0.067	上盘
JB33	33.276	103.888	0.031	−0.004	上盘
H024	33.228	104.225	0.031	0.01	上盘
H028	32.901	101.706	0.047	−0.029	上盘
H011	32.448	105.83	−0.194	0.03	上盘
H026	33.571	102.991	0.025	−0.014	上盘
H021	33.423	104.823	0.011	0.044	上盘
F277	32.83	105.78	−0.044	0.046	上盘
DS08	33.46	104.95	0.005	0.053	上盘
H019	33.786	104.401	0.007	0.016	上盘
H020	33.936	103.726	0.011	−0.004	上盘
H009	32.96	106.02	−0.023	0.02	上盘
1387	32.82	106.23	−0.046	0.012	上盘
H017	34.108	103.146	0.01	−0.003	上盘
1375	33.34	105.805	0.005	0.042	上盘
H016	34.046	104.383	0.005	0.007	上盘
H006	33.78	105.285	0.003	0.027	上盘
F262	33.06	106.32	−0.025	0.023	上盘
H005	33.696	105.595	0.003	0.031	上盘
H007	33.34	106.155	−0.009	0.009	上盘
C140	34.37	104.08	0.011	0.007	上盘
C127	34.03	105.3	0.001	0.014	上盘
H014	34.403	104.073	0.007	0.004	上盘
H003	34.108	105.306	0.006	0.022	上盘
JB23	33.116	106.68	−0.011	0.008	上盘
H002	33.891	105.815	0	0.022	上盘

续表

观测点	东经(°)	北纬(°)	东西位移(m)	南北位移(m)	上/下盘
C125	34.38	104.82	0.001	0.01	上盘
DS30	33.9	106.25	0.006	0.004	上盘
G039	34.251	105.811	0.003	0.012	上盘
H001	33.915	106.508	0.011	0.001	上盘
H004	33.616	106.925	−0.004	0.005	上盘
D082	34.088	107.295	0.001	0.005	上盘
F053	33.53	107.98	−0.006	−0.002	上盘
D081	34.07	107.64	0.007	0.003	上盘
D073	34.433	107.58	0.006	0.005	上盘
D077	34.301	108.195	0	0.007	上盘
D080	34.11	108.516	0.002	0.001	上盘
F054	33.66	109.11	−0.003	−0.001	上盘
D079	34.05	108.908	−0.006	−0.002	上盘
XIAA	34.18	108.99	−0.003	0.001	上盘
D078	33.88	109.923	0.001	0	上盘

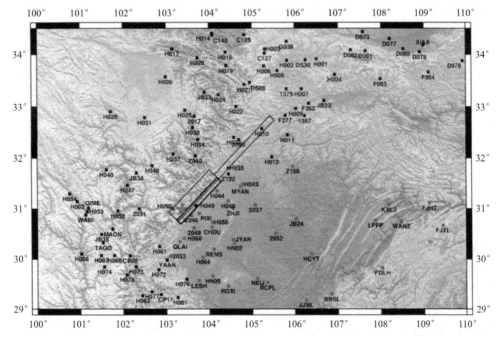

图 3-4　水平向 GPS 观测点位置

从台站分布来看，紧靠发震断层区域有一定量的 GPS 台站分布。北川断层南段和 PGF 周边有 QLAI、H060、2049、Z246、PIXI、H050、H049、H044 等台站。BCF5 北段（高川以北）北川附近有 H035 和 Z122 台站，南坝附近 2020 和 H032 台站，断层北端有 H010 台站。这些台站 GPS 观测值较大，对于限定断层面上位错分布至关重要。

3.4 断层模型

汶川地震是发生在叠瓦状曲面断层上的一次复杂破裂过程，已有部分研究对其发震构造进行了分析。图 3-5 为徐锡伟等（2008，2009）得到的汶川地震三维发震断层模型。对比分析徐锡伟等（2008，2009）、Hubbard 等（2009，2010）、Shen 等（2009）和 Jia 等（2010）研究结果发现，从南往北北川断层和彭灌断层的倾角出现了显著变化。在初始破裂点处，北川断层从深到浅倾角逐渐增加，深度在 15～18km 左右时，倾角约为 20°，深度在 10～15km 左右时，倾角约为 33°，深度在 4～10km 左右时，倾角约为 45°，在近地表处出现分叉，一支保持倾角不变扩展到地表，一支倾角约为 63°扩展到地表。彭灌断层与北川断层在深 15km 左右相交，在深 12～15km 左右时，倾角与北川断层深部 15～18km 的倾角相同约为 20°，在 4～12km 时倾角约为 33°，在近地表处倾角约为 28°。往北侧到与小鱼洞断层相交处附近，北川断层倾角与震中附近相近，但近地表处没有出现分支；而彭灌断层变化较大，此时彭灌断层与北川断层在深约 10km 处相交，倾角约为 33°。相比于初始破裂点处，小鱼洞断层附近彭灌断层沿深度方向的尺寸明显变小。在北川附近只有北川断层，倾角也表现出往浅处逐渐增大的特点。徐锡伟等（2008，2009）得到剖面的形式与 Hubbard 等（2009，2010）的相同。Jia 等（2010）的剖面图表明：在小鱼洞断层处，北川断层和彭灌断层倾角的变化与 Hubbard 等（2009，2010）和徐锡伟等（2008，2009）的相似，两者在深约 8～9km 处相交。往北侧一直到高川附近，北川断层和彭灌断层的倾角基本保持不变。在北川附近，北川断层倾角由深到浅逐渐增加，这也与 Hubbard 等（2009，2010）和徐锡伟等（2008，2009）的相似。往北侧通过其给出的平通、南坝和沙洲处的剖面图可以看出，北川断层依然是倾角从深到浅逐渐增加，但南坝以北的倾角没有明显增大。Shen 等（2009）利用 GPS 和 InSAR 数据反演得到的断层模型表明北川断层映秀以南倾角为 43°，映秀到高川段倾角为 44°，高川经过北川到南坝倾角为 49°，在南坝附近为 50°，经过南坝往北倾角逐渐变陡，在断层北端接近 90°，南北以北断层的倾角与 Jia 等（2010）的结果不同。

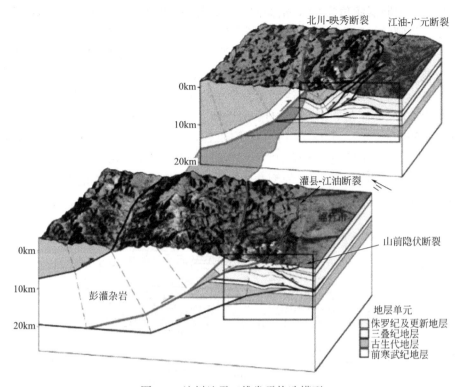

图 3-5　汶川地震三维发震构造模型

综合以上研究结果，考虑北川断层南段倾角的变化和南北段倾角的不同，本书建立如图 3-6 所示的断层模型，包括北川断层和彭灌断层（PGF），走向取 224°。北川断层南段由深向浅倾角依次为 20°（BCF4）、33°（BCF3）、50°（BCF2）和 65°（BCF1）。BCF4 最深处 21.7km，BCF4 与 BCF3 在深 16.6km 处相交，BCF2 和 PGF 在深 10km 处相交，PGF 倾角与 BCF3 相同，BCF2 与 BCF1 在深 5.4km 处相交，BCF1 和 PGF 在地表相距 9.1km，小于野外调查得到的约 12km，从图 3-5 可以看出 PGF 在接近地表时倾角变小，小于深部区域，而本书取一致的倾角 33°。北川断层北段（BCF5）倾角取 60°。余震分布的长度明显大于地表破裂的尺度，南北两端超出约 50km。说明，南北两端可能发生未产生地表破裂的滑动，为了能够反映可能破裂的区域，取断层的长度大于地表破裂的长度，取 PGF 与北川断层南段长 132km，北段长 180km，共 312km，断层参数如表 3-4 所示。Hartzell 等（2013）综合远场记录、近场记录和 GPS 数据给出了汶川地震破裂过程，反演结果同时兼顾地震记录和 GPS 资料，本书所用数据类型与其相似，断层模型与其断层模型相比差异主要在于北川断层南段和彭灌断层沿倾向的长度和断层的倾角以及北川断层北段的倾角。Hartzell 等（2013）取彭灌断层沿倾向 32km，倾角为 28°；北川断层南段考虑单一倾角，倾角为 43°。本书断层模型彭灌断层倾角为33°，沿倾向为18.4km；北川断层南段从浅到深倾角逐渐减小，沿倾向长度为39km。本书断层模型BCF3和彭灌断层相当于Hartzell等（2013）的彭灌断层。野外调查结果表明北川断层南段地表可见倾角大于70°，说明近地表处倾角变大。近地表区域的滑动对近场地震动有重要影响，Hartzell等（2013）取北川断层南段从浅到深为单一的43°可能不合理。北川断层北段沿倾向长为30km，倾角60°，大于Hartzell等（2013）的21km和50°。发震时刻取北京时间2008年5月12日14：27：58.7s，震中30.986°N，103.364°E，震源深度14.0km（中国地震台网中心），震源位于BCF3上。沿走向和倾向将断层划分为5km×3km的子断层，模型共包含854个子断层，断层在地表的投影、地表破裂带和部分场点的位置如图3-7所示。

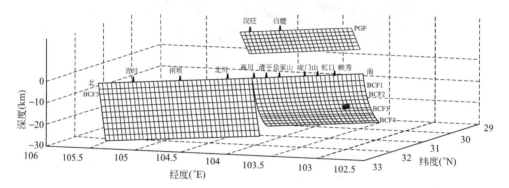

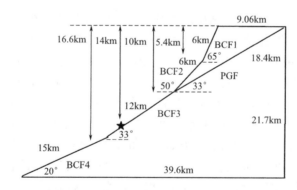

图3-6 汶川地震三维断层模型和过震中与走向垂直方向的剖面

断层参数   表3-4

断层	倾向(°)	断层长 (km)	断层宽 (km)	子断层沿走 向个数(个)	子断层沿倾 向个数(个)	子断层个数 (个)
PGF	33	132	18.4	26	6	156
BCF1	65	132	6	26	2	52

续表

断层	倾向(°)	断层长(km)	断层宽(km)	子断层沿走向个数(个)	子断层沿倾向个数(个)	子断层个数(个)
BCF2	50	132	6	26	2	52
BCF3	33	132	12	26	4	104
BCF4	20	132	15	26	5	130
BCF5	60	180	30	36	10	360

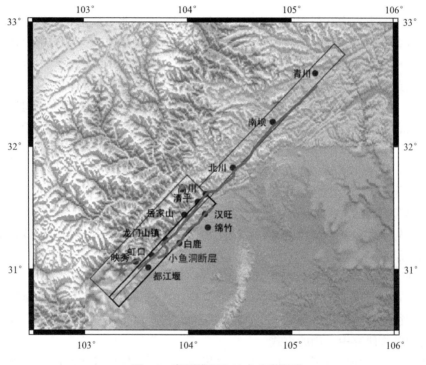

图 3-7　断层模型和地表破裂图形

3.5　汶川地震破裂方式

3.5.1　已有研究结果总结

单一的断层模型，破裂方式比较容易确定。对于汶川地震，发震断层所在的龙门山断裂带构造复杂，断层间的破裂顺序尚未得到一致的结论，总结如下。

1. 北川断层南段或彭灌断层的破裂由小鱼洞断层破裂触发

陈桂华等（2009）认为相互平行的北川-映秀断裂和安县-灌县断裂都发生破裂，是由于走向上相邻的断裂活动产生触发引起的，而小鱼洞断裂作为纽带使得其中一条断裂的破裂由另一条触发。初始破裂点发生在不同的断层上，会有两种不同的破裂方式。

初始破裂点发生在北川断层南段，破裂方式为：北川断层南侧首先破裂，破裂沿走向往东北侧传播，触发小鱼洞断层，小鱼洞破裂触发了彭灌断层产生双侧破裂，此后北川断层继续往东北侧破裂；北川断层北段由北川断层南段破裂触发。

初始破裂点发生在彭灌断层南段，此种破裂方式将北川断层深部低倾角区域也划分为彭灌断层。破裂方式为：彭灌断层南侧首先破裂，破裂沿着走向往东北侧破裂，破裂过程中触发小鱼洞断层破裂，进而引起北川断层南段产生双侧破裂，之后彭灌断层继续往东北侧传播。这也是 Hartzell 等（2013）联合远场、近场和 GPS 记录反演汶川地震时给出的最优破裂方式。其得到的破裂过程具体为：彭灌断层首先破裂，触发小鱼洞断层后，进而触发北川层与小鱼洞断层相交处在发震后 13.5s 左右发生双侧破裂。此外，王鹏和刘静（2014）通过库伦应力分析手段得到：如果北川断层南段先发生破裂，对小鱼洞断层和彭灌断层有强烈的负应力抑制作用。而彭灌断层深部首先破裂，往彭灌断层浅处扩展，则对北川断层南段、小鱼洞断层和彭灌断层的中间段有强烈的正应力促进作用。也就说，彭灌断层可能先于北川断层南段破裂。这也给出了一种可能，小鱼洞断层的破裂引起了北川断层双侧破裂。

2. 北川断层南段和彭灌断层同时破裂

初始破裂点位于北川断层南侧，往北侧传播造成北川断层南段和彭灌断层破裂，破裂往北侧传播先后触发了小鱼洞断层和北川断层北段发生破裂，这也是大多数震源破裂研究中采用的方式。

此外，钱琦和韩竹军（2010）认为汶川地震破裂过程是以北西向小鱼洞断裂为起始破裂段，进而触发了北川断层和彭灌断层破裂。如果汶川地震起始破裂点位于小鱼洞断层，则与精定位得到的震中相差较大，这种破裂方式还有待进一步研究。

3.5.2 采用的破裂方式

为了分析北川断层、彭灌断层和小鱼洞断层可能的破裂顺序，本书采用如下三种破裂方式（图 3-8）。方式 1：破裂从 BCF3 开始，往深度方向扩展引起 BCF4，往浅处引起 BCF2 和 PGF 同时破裂，BCF2 向浅部扩展进一步引起 BCF1 破裂（过程①）。方式 2：破裂从 BCF3 开始，往深度扩展引起 BCF4，往浅处引起 PGF 破裂（过程①）；PGF 往北侧传播触发小鱼洞断层，进而引起 BCF1 与小鱼洞断层相交处破裂，之后 BCF1 和 BCF2 以此交点为中心产生双侧破裂（过程②）。方式 3：破裂从 BCF3 开始，往深度破裂引起 BCF4，往浅处引起 BCF2 和 BCF1 先后破裂（过程①）；BCF1 往北侧传播触发小鱼洞断层，进而触发 PGF 与小鱼洞断层相交处破裂，之后 PGF 以此交点为中心产生双侧破裂（过程②）。三种方式 BCF5 都由北川断层南段往北侧破裂触发。

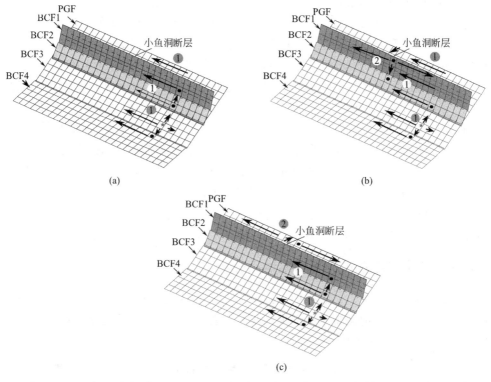

图 3-8　汶川地震三种破裂方式

（a）、（b）、（c）分别表示方式 1、2 和 3；黑色圆表示最早破裂的子断层，箭头线表示传播方向

三种情况下，BCF3 都有相同的破裂方式，BCF4 和 BCF5 也有相同的特点。方式 1 和 3，北川断层高倾角部分破裂方式相同，都由深部低倾角部分触发；而方式 2 不同于 1 和 3，其由小鱼洞断层触发，从与小鱼洞断层相交处发生双侧破裂。方式 1 和 2，PGF 破裂方式相同，都由北川断层低倾角部分触发；而方式 3 中 PGF 是由小鱼洞断层触发，从与小鱼洞断层相交处发生双侧破裂。

与 Hartzell 等（2013）的断层模型相比，本书北川断层南段双侧破裂时发生双侧破裂的区域仅为高倾角的 BCF1 和 BCF2，沿倾向为 12km，仅为其北川南段沿倾向 31km 的 2/5。

3.6 远场资料反演结果

破裂速度是影响反演结果重要的参数，首先测试破裂速度对反演结果的影响。目前，汶川地震反演的破裂速度差别较大。例如，张勇等（2008）得到初始破裂点东北向和西南向平均破裂速度为 3.4km/s 和 2.2km/s；王卫民等（2008）得到断层面的平均破裂速度为 2.7km/s，Fielding 等（2013）得到破裂速度在 2.5～3.0km/s 之间，Hartzell 等（2013）得到平均破裂速度为 3.0km/s。此外杜海林等（2009）分析断层面上高频（大于 0.1Hz）能量辐射源的变化时，得到平均破裂速度为 3.4km/s，而断层东北段 190km 的平均破裂速度达 4.8km/s，出现了超剪切破裂的情况。Zhang 和 Ge（2010）分析高频（0.4～2.0Hz）能量辐射时得到平均破裂速度为 3.0km/s，断层面上没有出现超剪切破裂的情况。此处破裂速度最高取 3.4km/s，不考虑超剪切破裂的情况。根据选取的介质速度构造，断层模型所在深度的介质剪切波速 v_s 在 3.4～3.5km/s 的范围内，为了搜索最优破裂速度，取破裂速度 2.0～3.4km/s，约为 $0.6v_s \sim 1v_s$，间隔 0.2km/s 共 8 种情况。对同一种破裂方式，取相同的限定条件反演断层面上位错分布。每个子断层包含 5 个时间视窗，反演时方程的个数为 25299 个，未知数的个数为 8540 个，方程个数是未知数的 3 倍。

3.6.1 三种破裂方式反演结果对比分析

破裂方式 1、2 和 3，破裂速度在 2.0～3.4km/s 时，PGF、BCF1～BCF4 和 BCF5 最大滑动量、地震矩及波形拟合残差如表 3-5 所示，残差变化趋势如图 3-9 所示，滑动分布如图 3-10～图 3-12 所示。

三种破裂方式不同破裂速度结果比较   表 3-5

破裂速度 (km/s)	方式	PGF 最大滑动量(m)	地震矩 (10^{21} N·m)	BCF1～BCF4 最大滑动量(m)	地震矩 (10^{21} N·m)	BCF5 最大滑动量(m)	地震矩 (10^{21} N·m)	总地震矩 (10^{21} N·m)	残差
2.0	1	8.1	0.149	10.5	0.462	5.8	0.301	0.912	0.273
	2	10.7	0.171	12.9	0.452	6.0	0.303	0.926	0.270
	3	4.7	0.143	11.5	0.482	6.0	0.304	0.929	0.270
2.2	1	5.7	0.134	9.5	0.421	5.5	0.327	0.882	0.270
	2	8.5	0.156	11.4	0.414	6.1	0.331	0.901	0.270
	3	5.0	0.155	9.8	0.423	6.1	0.334	0.912	0.265
2.4	1	7.2	0.125	8.8	0.378	8.3	0.390	0.893	0.272

续表

破裂速度 (km/s)	方式	PGF 最大滑 动量(m)	地震矩 (10^21 N·m)	BCF1~ BCF4 最大滑 动量(m)	地震矩 (10^21 N·m)	BCF5 最大滑 动量(m)	地震矩 (10^21 N·m)	总地震矩 (10^21 N·m)	残差
	2	9.5	0.141	9.7	0.384	8.0	0.385	0.910	0.268
	3	4.2	0.154	8.6	0.371	7.7	0.378	0.903	0.266
2.6	1	5.8	0.121	8.5	0.363	9.7	0.415	0.899	0.273
	2	7.4	0.135	8.1	0.382	9.3	0.412	0.929	0.271
	3	4.6	0.162	7.9	0.349	9.3	0.410	0.921	0.270
2.8	1	6.6	0.119	8.2	0.362	9.0	0.428	0.909	0.272
	2	8.1	0.128	7.3	0.385	9.0	0.422	0.935	0.269
	3	7.7	0.176	7.1	0.335	9.2	0.425	0.936	0.272
3.0	1	6.3	0.108	7.8	0.359	8.4	0.46	0.927	0.272
	2	6.7	0.115	7.0	0.387	8.2	0.446	0.948	0.269
	3	7.9	0.178	6.7	0.321	8.6	0.453	0.952	0.267
3.2	1	6.3	0.105	7.9	0.355	8.3	0.459	0.919	0.274
	2	6.4	0.108	7.2	0.384	8.1	0.443	0.935	0.270
	3	7.9	0.190	6.9	0.301	8.4	0.450	0.941	0.268
3.4	1	5.8	0.101	7.3	0.345	7.5	0.437	0.883	0.282
	2	6.1	0.095	6.1	0.382	7.2	0.420	0.897	0.276
	3	8.8	0.200	6.1	0.279	7.7	0.424	0.903	0.274

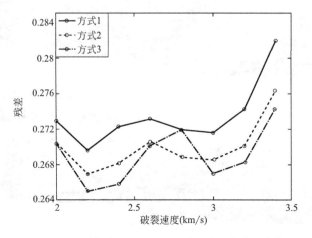

图 3-9 破裂方式 1、2 和 3 不同破裂速度残差变化

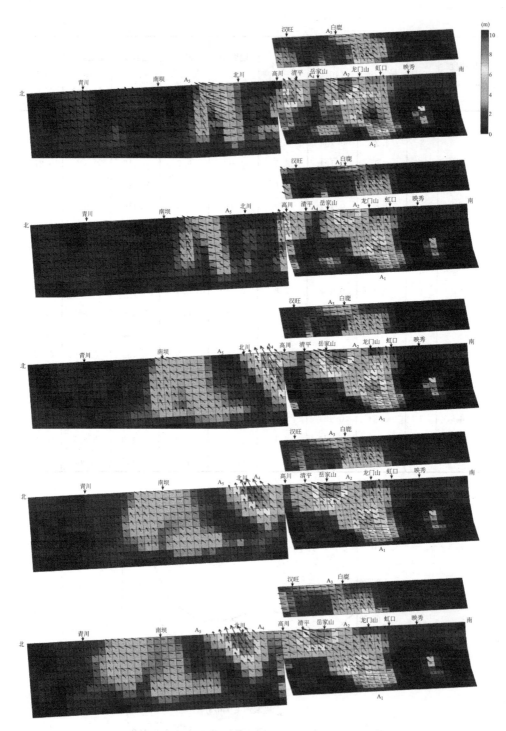

图 3-10　破裂方式 1 断层面上滑动分布，从上到下依次为破裂速度
2.0～3.4km/s，间隔 0.2km/s，字母表示凹凸体（一）

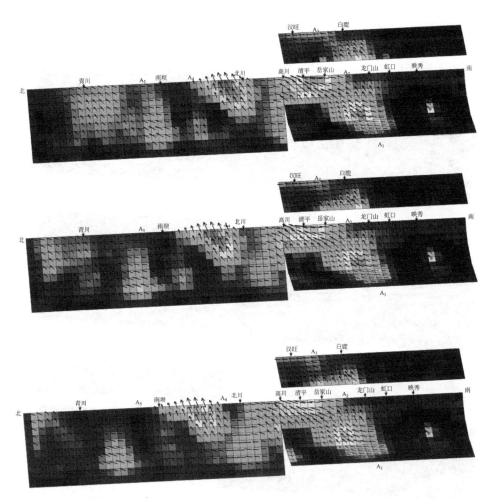

图 3-10　破裂方式 1 断层面上滑动分布，从上到下依次为破裂速度
2.0～3.4km/s，间隔 0.2km/s，字母表示凹凸体（二）

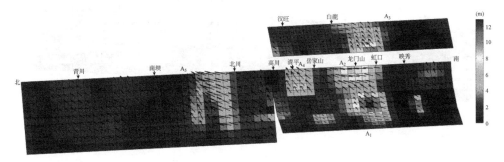

图 3-11　破裂方式 2 不同破裂速度反演结果（一）

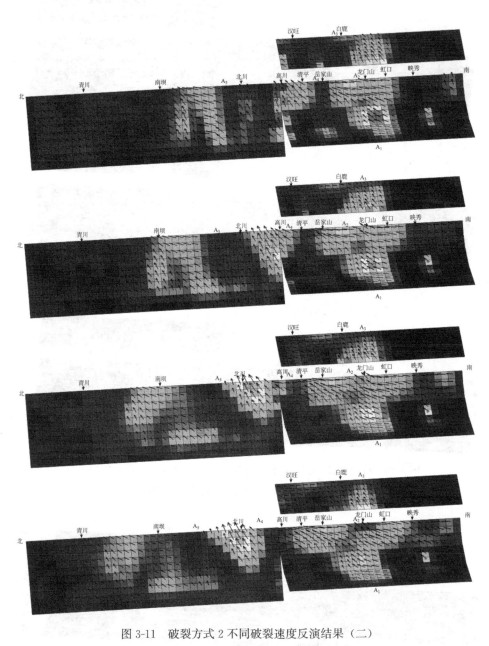

图 3-11　破裂方式 2 不同破裂速度反演结果（二）

图 3-11 破裂方式 2 不同破裂速度反演结果（三）

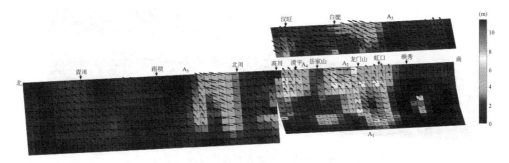

图 3-12 破裂方式 3 不同破裂速度反演结果（一）

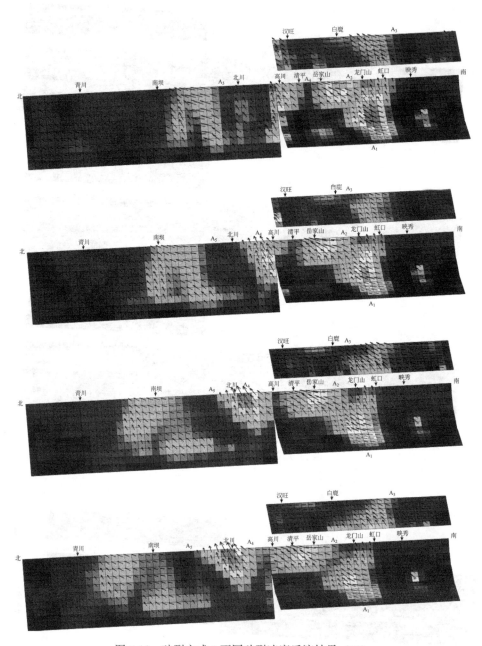

图 3-12　破裂方式 3 不同破裂速度反演结果（二）

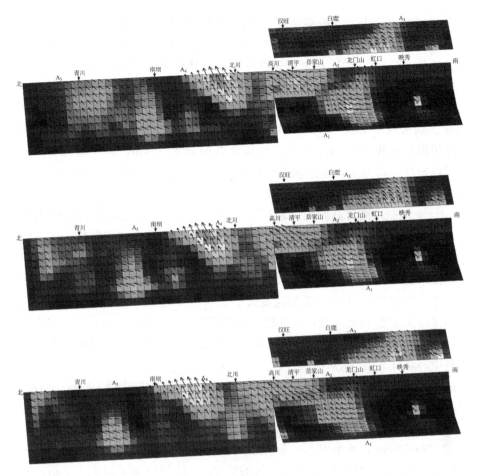

图 3-12　破裂方式 3 不同破裂速度反演结果（三）

从三种方式的结果可见，对于同一断层面，破裂方式相同时，最大滑动量、地震矩和滑动分布相近；而破裂方式不同时，结果差别较大。

1. 破裂方式 1 结果分析

从表 3-5 的结果可清楚地看到，破裂方式 1，随着破裂速度的增大，断层面上最大滑动量和地震矩都有明显的变化。PGF 上的最大滑动量和地震矩，总体上随着破裂速度的增大逐渐减小。断层面上存在凹凸体 A_3，位于白鹿附近，深部以倾滑错动为主；在近地表处，随着破裂速度的增加，位错由白鹿南侧转移北侧的白鹿至汉旺之间，以走滑错动为主。破裂速度变化，凹凸体的面积基本不变，破裂速度由 2.0km/s 增加到 3.4km/s，其中心点往北侧移动约 25km。

北川断层南段（BCF1～BCF4），随着破裂速度的增加，最大滑动量和地震矩逐渐减小。其上分布有 3 个凹凸体 A_1、A_2 和 A_4，其面积和位置的变化相比凹凸体 A_3 要复杂。首先分析龙门山镇下方位于低倾角 BCF3 和 BCF4 上的凹凸体

A_1，其以逆冲错动为主，破裂速度变大，面积变化较小；中心点距初始破裂点的距离，由 2.0km/s 的 40km 增大到 3.4km/s 的 55km，往北侧偏移 15km。

高倾角上的凹凸体 A_2 随破裂速度的增大，其面积和滑动形式的变化尤为显著。破裂速度 2.0km/s 时，位于虹口到岳家山之间，总体以逆冲错动为主，在龙门山到岳家山近地表处（第 1 排子断层）以走滑错动为主；其面积约为 540km^2。破裂速度变大，凹凸体 A_2 逐渐往北侧扩散，达到 2.8km/s 时，北侧延伸到高川附近；相比 2.0km/s 时，沿长度方向增大 30km，面积增大 360km^2；总体仍以逆冲错动为主，近地表处仍以走滑错动为主。达到 3.0km/s 时，凹凸体 A_2 北侧扩展到倾角相近的 BCF5 上。3.4km/s 时，在 BCF5 上的面积达 540km^2，北川断层南段高倾角区域仍以逆冲错动为主，近地表处也仍以走滑错动为主，在 BCF5 上，错动形式由走滑兼逆冲错动转变为以走滑错动为主，凹凸体 A_2 的面积达 1260km^2，比 2.0km/s 时大 2.3 倍。

高倾角上另一个凹凸体 A_3，破裂速度 2.0km/s 时，位于清平附近，以逆冲错动为主，面积约 240km^2。破裂速度大于 2.0km/s 以后，逐渐扩展到 BCF5 上，当破裂速度大于 2.4km/s 时，全部转移到 BCF5 上。3.4km/s 时，位于北川到南坝之间，错动形式仍以逆冲错动为主，面积约 600km^2，比 2.0km/s 时大 2.5 倍，其中心点往北侧移动 70km。

BCF5 上随着破裂速度的增大，最大滑动量和地震矩出现先增大后减小的现象。破裂速度从 2.0km/s 增大到 2.6km/s，最大滑动量由 5.8m 增大到 9.7m，增大 1.7 倍；当大于 2.6km/s 后，最大滑动量逐渐减小，由 2.8km/s 时的 9.0m，减小到 3.4km/s 时的 7.5m，减小 17%。最大地震矩则先变大后变小，由 2.0km/s 时的 0.301×10^{21}N·m，增大到 3.0km/s 时的 0.460×10^{21}N·m，增大 1.5 倍，大于 3.0km/s 后又逐渐减小，由 3.2km/s 时的 0.459×10^{21}N·m，减小到 3.4km/s 时 0.437×10^{21}N·m，降低 5%。其上的凹凸体 A_5 随着破裂速度的增大，逐渐扩散到更大的区域，面积明显变大。2.0km/s 时，位于北川北侧 40km 的范围内，其南侧区域以走滑错动为主，北侧区域以逆冲错动为主，面积约为 960km^2。破裂速度达 3.0km/s 时，凹凸体移动到北侧南坝和青川之间，南坝近地表处为走滑错动，下方为走滑兼逆冲错动，青川附近为走滑兼逆冲错动。此时面积达 1800km^2，比 2.0km/s 时大约 2 倍。3.4km/s 时，继续往北侧移动，扩展到北川断层的北端。

结合断层面上凹凸体位置的变化可得，当北川断层南段上凹凸体 A_4 扩展到 BCF5 上时，BCF5 的最大滑动量开始增大，当凹凸体 A_4 全部转移到 BCF5 上时（破裂速度 2.6km/s），BCF5 的滑动量达到最大值，之后随着破裂速度的增大 BCF5 的最大滑动量逐渐降低。随着凹凸体 A_4 往 BCF5 上扩展，BCF5 上的地震矩逐渐增大，当凹凸体 A_2 的北侧也扩展 BCF5 上时，BCF5 的地震矩达到最大值（破裂速度 3.0km/s），此后随着凹凸体 A_2 的北侧继续往 BCF5 上扩展，地震矩逐渐减小。

2. 破裂方式 2 结果分析

随着破裂速度的变化，破裂方式 2，BCF3、BCF4 和 BCF5 上滑动分布、最大滑动量和地震矩与方式 1 变化规律相似，在此只分析与方式 1 差别较大的北川断层高倾角部分 BCF1 和 BCF2 与 PGF 的结果。

从表 3-5 的结果可见，随着破裂速度的增大，PGF 的最大滑动量和地震矩与BCF1-BCF4 的最大滑动量逐渐减小，这一点与方式 1 的变化规律相似。但BCF1-BCF4 的地震矩的变化较为复杂，破裂速度在 2.0～2.6km/s，地震矩逐渐减小，在 2.8～3.0km/s 又逐渐增大，大于 3.0km/s 后，又逐渐减小。同时，BCF1-BCF4 上的滑动分布也不同于方式 1。破裂速度 2.0km/s 时，凹凸体 A_2 临近龙门山镇，最大位错的位置相比方式 1 偏南约 15km，位于龙门山镇附近。这由于方式 2 时，BCF1 与 BCF2 发生双侧破裂，龙门山镇附近区域破裂到时比方式 1 晚，与方式 1 龙门山镇北侧部分区域（凹凸体 A_2 最大滑动发生的区域）到时相近。凹凸体 A_2 在近地表处（第 1、2 和 3 排子断层）为右旋走滑错动，下侧为走滑兼逆冲错动，面积约为 480km^2。随着破裂速度增大，凹凸体 A_2 以龙门山镇为中心往两侧扩展。达到 3.0km/s 时，几乎扩展到整个高倾角区域，此时，映秀到虹口与岳家山到清平近地表处以走滑错动为主，其他区域为逆冲兼走滑错动。3.0km/s 后，凹凸体 A_2 北侧扩展到 BCF5 上。

结合地震矩的变化可得，破裂速度在 2.0～2.6km/s 时，凹凸体 A_4 逐渐往BCF5 上移动，BCF1-BCF4 的地震矩也逐渐减小；当凹凸体 A_4 全部转移到 BCF5后，凹凸体 A_2 扩展到整个 BCF1 和 BCF2 时（2.8～3.0km/s），BCF1-BCF4 的地震矩稍微增大；当凹凸体 A_2 扩展到 BCF5 后（大于 3.0km/s），地震矩逐渐减小。

方式 2，随着破裂速度增大 PGF 上凹凸体 A_3 的面积逐渐减小。当破裂速度3.4km/s 时，凹凸体 A_3 沿走向长约 20km，比方式 1 的 40km 小一半。造成此种现象的原因为，方式 2 时 BCF1 和 BCF2 发生双侧破裂，北川断层南段高倾角部分龙门山镇南侧的位错分担了 PGF 断层到时相近区域的部分位错。

3. 破裂方式 3 结果分析

破裂速度变化，破裂方式 3，北川断层南段和 BCF5 的滑动分布、最大滑动量和地震矩与方式 1 变化规律相似，但 PGF 上凹凸体 A_3 滑动分布与方式 1 不同。破裂速度 2.0km/s 时，凹凸体 A_3 滑动集中在白鹿南侧近地表处，为走滑兼逆冲错动。而方式 1 时，凹凸体 A_3 滑动分布在白鹿南侧从近地表到断层底部的区域。随着破裂速度的增加，凹凸体 A_3 逐渐往白鹿南侧移动，滑动较大的区域逐渐接近断层底部，错动形式转变为以逆冲错动为主。PGF 上的最大位错和地震矩的变化与方式 1 也不同。破裂速度增大，最大滑动量和地震矩逐渐增大。

4. 破裂速度的选择

图 3-9 结果表明，三种破裂方式，随着破裂速度变化，残差变化规律相似，

小于 3.0km/s 变化不大，大于 3.0km/s 残差明显增大，3.4km/s 时达到最大，2.2km/s 和 3.0km/s 残差较小。

破裂速度 2.2km/s 和 3.0km/s 时，BCF5 南坝近地表子断层激发的地震波，前者对应观测记录幅值很小的尾部，得到南坝附近的滑动量很小，与同震位移不符（此处同震位移 2.4m）；后者对应记录约 60s 处的波段，得到南坝附近的滑动量较大，与观测结果相符。2.2km/s 时，BCF5 凹凸体 A_5 分布在北川北侧 15km 到南坝之间，北川附近的滑动很小，与北川附近发生严重破坏不符；3.0km/s 时，北川附近滑动集中在近地表处（凹凸体 A_4），与此处震害严重相符。所以 3.0km/s 的结果更符合实际。此外，汶川地震发震断层长达 300km，破裂过程复杂，破裂速度变化范围可能较大，为更好模拟破裂过程，取 3.0km/s 为最高破裂速度。此时三种破裂方式合成记录的对比如图 3-13 所示，三种情况合成记录

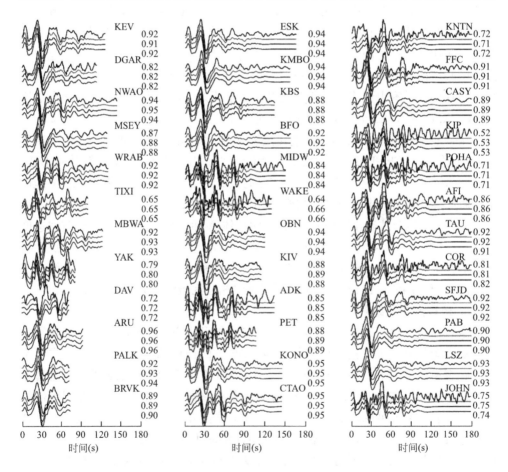

图 3-13 远场记录破裂速度 3.0km/s 三种破裂方式合成记录比较，每组图从上到下依次表示观测记录，方式 1、2 和 3 合成记录，字母和数字表示台站和相关系数

相似，相关系数也相近。方式 1、2 和 3 残差分别为 0.272、0.269 和 0.270，最大（方式 1）比最小值（方式 2）大 1.1%，差别很小。由于所取断层空间上接近，断层不同区域的离源角也相近，单独远场记录不能区分不同的破裂方式，而不同方式的合成记录也相近。因此，仅依据远场波形拟合残差难以确定最优方式。Hartzell 等（2013）利用远场记录反演时采用类似本书方式 1 和 2，也得到相同结论。

3.6.2 结合同震位移识别破裂方式

接下来，结合同震位移数据来分析破裂方式。三种破裂方式，彭灌断层和北川断层近地表子断层滑动量与同震位移对比如图 3-14 所示。同震位移表明，PGF 白鹿以南无地表破裂。方式 1 和 2 白鹿以南近地表子断层滑动很小，与同震位移吻合较好；方式 3 近地表子断层滑动大部分在 2m 左右，最大达 3.8m，严重高估。高估的原因主要是 PGF 上破裂方式 3 不同于 1 和 2，该方式从与小鱼洞断层相交处发生双侧破裂，使 PGF 南部产生近地表子断层滑动的区域破裂到时与北侧部分区域一致；两区域相距约 50km，远场格林函数相似。对于断层面上不同区域，当格林函数相似，且破裂到时加上 P 波传播到时接近时，远场资料无法分辨产生记录的断层面。因此，方式 3 中 PGF 南部区域分担北部区域的部分滑动，该区域激发的地震波对应记录约 30s 处幅值较大波形，产生较大滑动，而方式 1 和方式 2 南部区域激发的地震波对应记录第 2 段开始幅值较小波段，因此滑动很小。

北川断层映秀到虹口区域，同震位移很大。方式 2 近地表子断层滑动与同震位移接近，方式 1 和方式 3 严重低估。虹口南侧最大同震位移处，方式 2 近地表子断层滑动约为同震位移的 3/4，方式 1 和方式 3 仅为 1/7。其原因是，破裂方式 2 时 BCF1 和 BCF2 从与小鱼洞断层相交处发生双侧破裂，使映秀和虹口区域破裂到时与岳家山北侧部分区域一致。由于两者格林函数相似且激发的地震波都对应记录约 30s 处的波形，所以方式 2 此区域允许产生较大滑动。方式 1 和方式 3，此处激发的地震波对应第 2 个波包开始幅值较小波段，不允许产生较大滑动。

三种方式的反演结果，除上述两个区域差异较大，其他区域相近。以上分析表明，方式 3 彭灌断层南部有较大近地表子断层滑动，方式 1 和方式 3 虹口到映秀之间产生很小的近地表子断层滑动，这都与观测的同震位移矛盾，所以方式 1 和方式 3 不合理；而方式 2 这两区域近地表子断层滑动量与观测结果吻合较好。结合同震位移数据和远场记录反演结果可得，破裂方式 2 更符合汶川地震的真实破裂过程。

3.6.3 优选结果分析——破裂方式 2

1. 不同破裂速度反演结果对比分析

总体来看，破裂方式 2 时断层面上存在 5 个面积比较大的凹凸体。其中，北川断层有 4 个，PGF 断层有 1 个。凹凸体 A_1-A_5 随破裂速度的变化，凹凸体的位置和错动形式的改变，在 3.6.1 节中已有分析。在此只分析北川断层南段初始破裂点处的位错。

不同破裂速度该处位错分布变化很小，都是初始破裂点附近的几个子断层发生很大的位错，错动形式为近乎直立的逆冲。这部分位错对应于每条记录开始的一个小波包。由于该小波包的持续时间较短为 10s 左右，该区域子断层产生的格林函数的波包持续时间也在 10s 左右，所以只能由初始破裂点附近子断层的前 2 个时间视窗或者相邻子断层的第 1 个时间视窗来合成，并且分布的区域比较小，较大区域子断层的到时差明显大于 10s。当破裂速度变化时，初始破裂点临近的子断层破裂到时差别小，因而反演得到的位错位置和分布很接近。利用远场长周期资料，较小的断层尺度识别不出破裂速度的变化。此外从观测记录也见，不同方位角台站垂直向观测位移记录 P 波初动方向都是向上的，说明由逆冲错动产生，与反演结果相对应。

2. 远场记录联合同震位移反演结果

从图 3-14 近地表子断层滑动量与同震位移比较可见看出，对于近地表子断层的滑动，不加同震位移约束时部分区域与实际调查结果差别较大，为了限制近地表子断层的滑动，在此联合远场记录和同震位移反演破裂方式 2 破裂速度 3.0km/s 时的破裂过程，结果如图 3-15 所示。

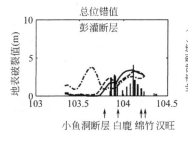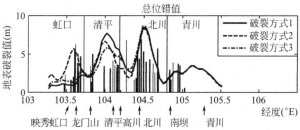

图 3-14 远场记录三种破裂方式近地表子断层滑动量与同震位移比较，柱状图为同震位移值

从合成记录与观测记录的对比可见（图 3-15b），两者吻合很好，残差为 0.268，观测记录的主要波形特征得到较好的解释，80% 的台站两者相关系数都大于 0.8。

图 3-15（a）滑动分布显示，北川断层南段滑动集中在龙门山镇下方低倾角区域（凹凸体 A_1）以及映秀到虹口和岳家山到高川高倾角区域（凹凸体 A_{2-1} 和 A_{2-2}），释放地震矩 0.387×10^{21} N·m，占总地震矩的 41%。整体上深部区域以逆

冲为主，浅部区域为右旋走滑兼逆冲，且滑动角基本都小于 $135°$，这说明高倾角不易产生逆冲位错。凹凸体 A_1、A_{2-1} 和 A_{2-2} 最大滑动量分别为 7.0m、7.7m 和 5.5m，面积约为 $840km^2$、$780km^2$ 和 $720km^2$，静态应力降相近，分别为 11.2MPa、12.5MPa 和 12.8MPa。此外，初始破裂点附近较小范围有较大滑动，最大值 6.5m，以逆冲为主。除上述三个凹凸体和初始破裂点附近外，其他区域几乎无错动。BCF5 滑动集中在北川附近（凹凸体 A_4）和南坝到青川区域（凹凸体 A_5），释放地震矩 $0.446 \times 10^{21} N \cdot m$，占总地震矩的 47%。凹凸体 A_4 和 A_5 最大滑动量 8.6m 和 5.3m，面积约为 $810km^2$ 和 $1470km^2$，静态应力降为 13.1MPa 和 7.1MPa。PGF 滑动集中在白鹿附近从地表到断层底部区域（凹凸体 A_3）和北端近地表处 20km 长的区域。凹凸体 A_3 以逆冲为主，北端区域以右旋走滑为主，释放地震矩 $0.115 \times 10^{21} N \cdot m$，占总地震矩的 12%。凹凸体 A_3 最大滑动量 7.6m，面积约为 $720km^2$，静态应力降 10.2MPa，北端在汉旺附近产生的最大滑动达 4.6m。PGF 南半段不发生破裂也无同震位移，推测可能是很强的障碍体。凹凸体参数见表 3-6。

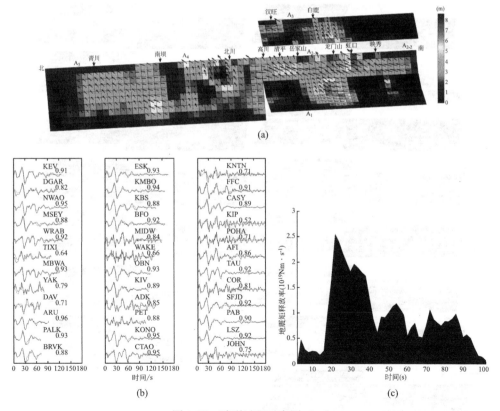

图 3-15 破裂过程示意图（一）

（a）破裂方式 2 反演的滑动分布；（b）36 个台站合成记录（红线）与观测记录（蓝线）比较；
（c）地震矩释放率函数

图 3-15　破裂过程示意图（二）

（d）汶川地震破裂过程图，时间间隔 4s

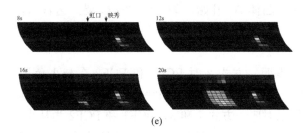

图 3-15　破裂过程示意图（三）

（e）破裂方式 1 和 3 北川断层南段 8～20s 破裂过程

凹凸体参数　　　　　　　　　　　　　　　　　　　表 3-6

凹凸体	最大滑动量(m)	尺寸(km×km)	平均滑动量(m)	等效半径(m)	静态应力降(MPa)
A_1	7.0	40×21	4.5	16.6	11.2
A_{2-1}	7.7	65×12	4.1	14.3	12.5
A_{2-2}	5.5	60×12	4.0	14.0	12.8
A_3	7.6	40×18	3.2	14.0	10.2
A_4	8.6	45×18	4.5	15.5	13.1
A_5	5.3	70×21	3.4	21.5	7.1

以上分析表明，汶川地震发震断层面上存在 5 个凹凸体，说明此次地震至少由 5 个子事件组成。滑动主要分布在北川断层上，说明北川断层是主要的破裂面。根据地震矩释放率和破裂过程，可将地震的破裂分成 4 个阶段。第 1 阶段从 0～12s，对应初始破裂点附近的滑动，释放总地震矩的 3%。第 2 阶段从 12～40s，是能量集中释放的阶段，对应北川断层南段和 PGF 的破裂，释放总地震矩的 50%。第 3 阶段从 40s 到 60s，对应北川附近的破裂，释放总地震矩的 18%。第 4 阶段从 60s 到 88s，对应南坝到青川的破裂，释放总地震矩的 25%。从图 3-15（d）可见，BCF3 首先发生破裂，约 10s 破裂前锋到达龙门山镇下方，此时凹凸体 A_1 和 A_3 开始发生破裂，16s 时凹凸体 A_1 和 PGF 上的凹凸体 A_3 开始产生较大滑动，同时高倾角 BCF1 和 BCF2 也开始发生双侧破裂。凹凸体 A_1 和 A_3 几乎同时往北侧扩展，32s 左右两者破裂基本完成，破裂持续约 22s。高倾角区域，破裂往南侧传播时，在 16s 左右凹凸体 A_{2-2} 开始破裂，约 20s 破裂前锋到达虹口，约 28s 到达映秀，44s 左右凹凸体 A_{2-2} 破裂完成，持续约 28s；往北侧传播，20s 左右凹凸体 A_{2-1} 开始破裂，30s 左右破裂到达清平，35s 左右到达高川，在 44s 左右破裂完成，持续了约 24s。北川断层南段与 PGF 破裂共持续约 44s。BCF5 在 40s 左右产生较大滑动，凹凸体 A_4 于 42s 开始破裂，约 44s 破裂前锋到达北川附近，约 64s 该凹凸体破裂完成，持续了 22s 左右。约 62s 破裂前

锋到达南坝，此时凹凸体 A_5 开始破裂，约 80s 破裂到达青川，96s 该凹凸体破裂完成，持续了 34s 左右。100s 左右破裂基本完成，BCF5 破裂持续约 60s，整个破裂过程持续约 102s。

此外破裂过程表明，方式 2 时 BCF1 和 BCF2 在与小鱼洞断层相交处，于 16s 左右发生双侧破裂，20～32s 虹口到映秀区域发生滑动，地表处产生较大同震位移，与观测结果对应。方式 1 和 3，BCF1 和 BCF2 为从南往北的单侧破裂，约 6s 破裂前锋到达映秀，10s 到达虹口，但基本不产生滑动，直到 20s 此区域破裂结束，仅有较小滑动，与观测的同震位移不符（图 3-15e）。

本书远场记录联合同震位移得到汶川地震主体断层面北川断层破裂的时空过程较复杂，整个破裂过程释放地震矩为 $0.948\times10^{21}\mathrm{N\cdot m}$，持续时间 102s，滑动类型从初始破裂点往北变化明显。南段（BCF1-BCF4）：初始破裂点处滑动类型以倾滑为主；在龙门山镇下侧深部区域（BCF3 和 BCF4）西南侧以走滑错动为主，往北侧转变为倾滑错动，在断层浅部区域（BCF1 和 BCF2）都为走滑兼逆冲错动。北段：在北川附近以倾滑为主，到南坝附近近地表处滑动类型逐渐变成以右旋走滑为主，在深部表现出逆冲兼走滑错动；在南坝和青川之间的区域为走滑兼逆冲错动。

与大部分研究相比，本书北川断层低倾角区域 BCF3 和 BCF4 以及 PGF 和 BCF5 采用的破裂方式相似，得到断层面上滑动分布总体特征也较相似，但凹凸体的位置、最大滑动量和错动形式有差异。而北川断层高倾角虹口到映秀区域滑动分布明显不同。远场记录反演时，多数研究认为北川断层南段高倾角部分由低倾角部分触发，破裂由南往北传播，此区域基本不产生滑动。结果表明，只有北川断层南段高倾角部分在与小鱼洞断层相交处发生双侧破裂时，此区域才产生较大近地表子断层滑动，与观测结果相吻合。王卫民等（2008）、Nakamura 等（2010）和 Hartzell 等（2013）得到此区域有近地表子断层滑动，但滑动类型和滑动量与观测结果差异较大。本书远场记录反演时加入同震位移约束，能很好地控制地表子断层的滑动方向和滑动量，结果更符合同震位移。

3.6.4 反演结果可靠性分析

为了分析不同位置凹凸体对合成记录的贡献，把不同位置凹凸体对应的合成记录单独展示出来。图 3-16 为破裂方式 2 破裂速度 3.0km/s 时，单个凹凸体在台站 KMBO 的合成记录。分析合成记录得到如下信息。

北川断层南段初始破裂点附近子断层合成记录主要对应每个台站位移记录第 1 个小的波段（0～10s），大部分台站的第 1 个波包符合的很好，说明此区域位错分布可靠。

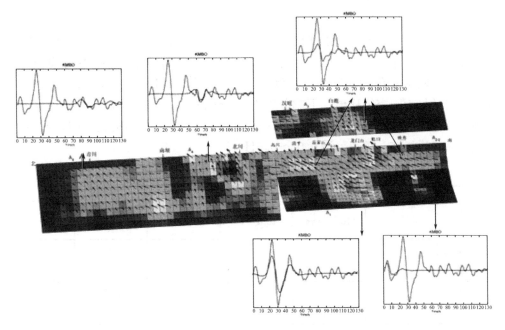

图 3-16　破裂方式 2 破裂速度 3.0km/s 时凹凸体在 KMBO 台站的合成记录

北川断层南段 BCF3 和 BCF4 上凹凸体 A_1 合成记录主要对应大部分台站观测记录的第 2 个波段（10～58s），该段幅值和持续时间远大于第 1 个波包，从位错分布也可看出此凹凸体的位错值和面积比初始破裂点处大很多。此凹凸体释放的地震矩为 0.135×10^{21} N·m，占总地震矩的 14%，位错分布是可靠的。

PGF 上凹凸体 A_3 和高倾角区域 BCF1 和 BCF2 的凹凸体 A_{2-1} 和 A_{2-2} 合成记录也对应 10～58s 的波段，与 BCF3 和 BCF4 上的凹凸体共同合成 10～58s 的记录。释放地震矩为 0.256×10^{21} N·m，占总地震矩的 27%。相比于 BCF3 和 BCF4 上的凹凸体，上述区域的位错对合成记录的贡献要小，但产生了更大的地震矩，所以 PGF 上凹凸体 A_3 和高倾角区域 BCF1 和 BCF2 的凹凸体 A_{2-1} 和 A_{2-2} 的可靠性比 BCF3 和 BCF4 上的凹凸体低。

BCF5 上北川附近凹凸体 A_4 位错对应合成记录的第 3 个波段（58～78s），释放的地震矩为 0.109×10^{21} N·m，占总地震矩的 12%，其位错分布可靠。南坝以北区域凹凸体 A_5 的位错对应合成记录 78～100s 的波段，释放地震矩为 0.202×10^{21} N·m，占总地震矩的 21%。相比北川附近凹凸体 A_4，其产生了更大的地震矩，位错分布可靠性要低。

3.6.5　北川断层南段和彭灌断层位错分布可靠性分析

北川断层南段和 PGF 空间上接近，远场记录反演能否分辨两者的滑动分布，两个断层面上凹凸体分布是否可靠，这是需要关注和解决的问题。设定如下算例分析。

算例1和2分别设定北川断层南段凹凸体 A_1 和 A_{2-1}、A_{2-2} 区域发生滑动角为135°的错动，子断层上升时间10秒。算例3设定PGF凹凸体 A_3 区域发生倾滑错动，子断层上升时间10秒。算例1凹凸体滑动量6.1m，算例2和3近地表子断层滑动为同震位移值，下侧分别为2.6m和5.1m（表3-7）。分别计算三个模型36个台站的理论记录，施加记录最大值10%的白噪声作为反演数据，并对记录做带通滤波，频带范围0.02～0.5Hz。

采用远场记录的三个算例输入及反演的最大滑动量和地震矩　　表 3-7

算例		最大滑动量(m)	PGF地震矩 $(10^{21}N\cdot m)$	地震矩占比重(%)	最大滑动量(m)	BCF1～BCF4地震矩 $(10^{21}N\cdot m)$	地震矩占比重(%)
1	输入	-	-	-	6.1	0.189	100
	结果	2.0	0.036	18	4.4	0.159	82
2	输入	-	-	-	7.7	0.102	100
	结果	0.8	0.017	17	2.7	0.085	83
3	输入	5.1	0.067	100	-	-	-
	结果	1.5	0.03	46	1.1	0.035	54

反演的位错分布（图3-17）表明，凹凸体的位置和错动形式不变，但面积变大，最大滑动量和地震矩变小。算例1、2和3最大滑动量分别约为输入值的3/4、1/3和1/3，地震矩为总地震矩的82%、83%和46%（表3-7）。未设定位错的另一断层与输入模型凹凸体破裂到时相近区域也有滑动产生，错动形式与输入模型相同。此断层上，算例1、2和3最大滑动量分别为2.0m、0.8m和1.1m；地震矩为总地震矩的18%、17%和54%。从算例2和3结果还可看出，设定位错断层上近地表子断层滑动量与输入值差别很大。这表明，近地表位错更容易被分配到其他区域。

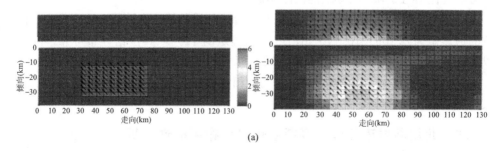

(a)

图 3-17　3种算例结果（一）

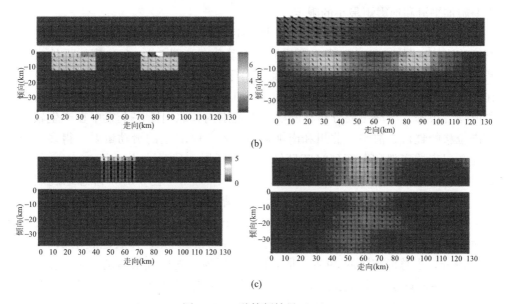

图 3-17 3 种算例结果（二）

（a）、（b）、（c）分别表示算例 1、2 和 3 输入模型及反演结果；左、右图分别表示
输入模型和反演结果，每幅图上下分别表示 PGF 和北川断层南段

以上分析表明，$0.02\sim0.5\,\mathrm{Hz}$ 远场 P 波记录反演结果不能严格区分北川断层南段和 PGF 的滑动分布。算例 1 和 2 北川断层南段凹凸体的滑动大部分位于原处，少部分转移到 PGF；算例 3 中 PGF 凹凸体的滑动有一半转移到北川断层南段。表明，北川断层南段凹凸体 A_1、A_{2-1} 和 A_{2-2} 可靠性大于 PGF 的凹凸体 A_3。

3.7 GPS 资料反演结果

相比利用地震资料反演震源破裂过程，采用 GPS 资料的反演相对简单，因为其不涉及破裂的时间过程。计算时，假设子断层只包含一个时间视窗，且不需要假定震源时间函数。计算 GPS 格林函数时，假定子断层沿走向和倾向发生 1m 的位错，可求得台站处相应的位移。台站观测的 GPS 数据，有一定的误差，约在 $1\sim5\mathrm{mm}$ 之间（国家重大科学工程"中国地壳运动观测网络"项目组，2008）。断层距远的台站，观测的 GPS 值较小，可能具有较大的不确定性。在反演中，不对 GPS 数据进行归一化处理，使得观测值较小且有较大不确定性的记录占有很小的权重。格林函数每个分量只有一个值，反演时方程的个数为 240 个，待反演的参数为 1708 个，方程的个数远小于待反演参数的个数。为了得到稳定的解，需要施加平滑和地震矩最小的限定。

图 3-18 表示 GPS 数据反演结果，图 3-18（a）表示台站合成的永久位移与观测值的比较，图 3-18（b）表示断层面上滑动分布，图 3-18（c）表示近地表子断层滑动量与同震位移的比较。反演得到此次地震的地震矩为 $0.959 \times 10^{21} N \cdot m$，与远场得到的值相近。从图 3-18 可见，台站的合成永久位移与观测值吻合很好。滑动主要分布在断层浅部范围内，北川断层上集中在产生较大同震位移的虹口、清平、北川和南坝近地表处。PGF 上的滑动量要小得多，分布在断层南端底部和白鹿到汉旺区域。北川断层南段最大滑动量 8.6m，位于虹口近地表处，产生的地震矩为 $0.423 \times 10^{21} N \cdot m$（表 3-8），占总地震矩的 44%，虹口附近近地表区域以逆冲为主，清平附近区域也以逆冲错动为主。PGF 最大滑动量 5.8m，释放地震矩 $0.159 \times 10^{21} N \cdot m$，占总地震矩的 17%，断层面上的滑动都以逆冲为主。BCF5 上最大滑动量 8.8m，释放地震矩 $0.377 \times 10^{21} N \cdot m$，占总地震矩的 39%。北川和南坝近地表处以倾滑错动为主。相比远场记录反演的近地表子断层滑动量，GPS 的结果与同震位移吻合较好。PGF 上南半段近地表子断层有滑动产生，与观测记录不符；汉旺附近的值比同震位移值大约 30%。北川断层上近地表子断层滑动量的变化趋势和幅值与同震位移值有较高的一致性。

断层面上滑动分布与方式 2 远场记录反演结果相比，总体上在断层浅部区域（深度 10km 之内）滑动集中的区域两者相近。在北川断层南段，滑动都集中在高倾角（BCF1 和 BCF2）的映秀-龙门山和岳家山-清平区域。BCF5 上，滑动都集中在北川近地表处。在南坝及南坝以北的区域，GPS 得到的位错分布在南坝近地表处到南坝北侧约 35km 的范围内，南坝下侧为走滑错动。而远场记录反演结果此处位错集中的区域往北侧移动且面积变大，在南坝近地表处以走滑错动为主，南坝下侧为走滑兼逆冲错动。PGF 上，滑动都集中在汉旺近地表处和白鹿下侧区域，但 GPS 得到的位错分布范围要大，在汉旺附近为逆冲错动为主。在断层深部区域，GPS 反演结果与远场记录的结果有很大差异，GPS 结果显示断层深部区域滑动量很小。例如，在北川断层南段岳家山下侧断层低倾角区域（BCF3 和 BCF4）。

以上分析表明，GPS 数据反演结果只能反映断层浅部的滑动，不能揭示深部的破裂。从近地表子断层滑动量与同震位移的比较可见，两者的变化趋势相似。本书 GPS 资料反演的位错分布与已有 GPS 资料反演结果相似，滑动主要集中在北川断层近地表处，位于虹口、清平、北川和南坝附近。

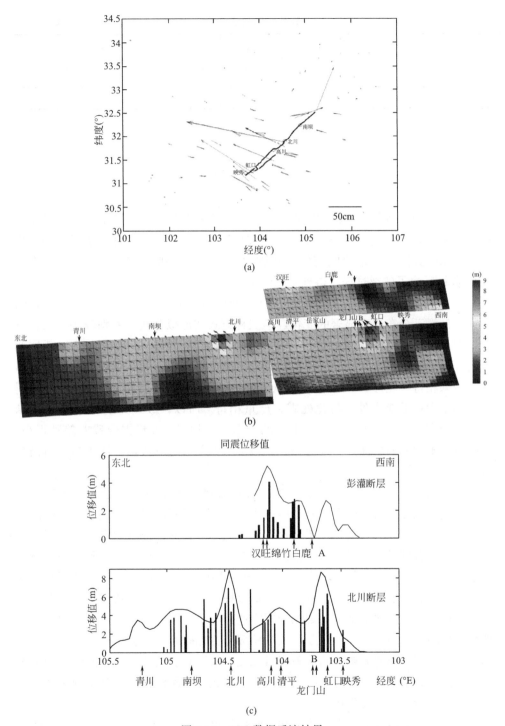

图 3-18　GPS 数据反演结果

（a）观测记录（蓝色）与合成记录（红色）的比较；（b）滑动分布；（c）近地表子断层滑动量与同震位移的比较

GPS 资料反演结果 　　　　　　　　　　表 3-8

PGF 最大滑动量(m)	地震矩 $(10^{21}\mathrm{N\cdot m})$	BCF1～BCF4 最大滑动量 (m)	地震矩 $(10^{21}\mathrm{N\cdot m})$	BCF5 最大滑动量(m)	地震矩 $(10^{21}\mathrm{N\cdot m})$	总地震矩 $(10^{21}\mathrm{N\cdot m})$
5.8	0.159	8.6	0.423	8.8	0.377	0.959

3.8　结论

本章考虑小鱼洞断层的触发作用，将破裂方式分为三种可能的情形，采用远场 P 波记录，取不同的破裂速度反演了汶川地震破裂过程。对比分析了不同破裂速度结果的异同，并结合同震位移数据得到了合理的破裂方式。此外采用大量 GPS 资料反演了破裂过程。得到主要结论如下：

（1）远场资料反演破裂过程时，破裂速度从 2.0km/s 增大到 3.4km/s，断层面上的滑动分布出现显著的变化，但三种方式波形拟合残差差别较小。三种方式，对于两个残差较小时的破裂速度 2.2km/s 和 3.0km/s，前者在北川断层北段南坝附近几乎不产生近地表子断层滑动，而后者在此区域产生较大的滑动，与观测结果相符。此外，2.2km/s 时 BCF5 北川附近滑动很小，3.0km/s 时北川附近滑动集中在近地表处，与此处震害严重相符。所以，破裂速度 3.0km/s 的结果更符合实际。三种方式断层面上滑动分布总体相似，波形拟合残差差别很小；破裂方式不同的断层面，滑动分布差别较大，但单独远场数据反演不易分辨破裂方式。

（2）结合同震位移资料得到：方式 3 彭灌断层南部有较大近地表子断层滑动，方式 1 和 3 虹口到映秀之间产生很小的近地表子断层滑动，这都与观测的同震位移矛盾，所以方式 1 和 3 不合理；而方式 2 上述两区域近地表子断层滑动与观测结果吻合较好。所以，远场记录反演结果结合同震位移数据得到，破裂方式 2 更符合汶川地震的真实破裂过程，即北川断层南段高倾角部分由小鱼洞断层触发在与小鱼洞断层交接处发生双侧破裂最合理。此时，虹口到映秀区域才能产生较大的近地表子断层滑动，与观测的同震位移吻合。远场记录反演结果识别汶川地震可能的破裂顺序为，北川断层低倾角部分首先破裂，破裂往浅处扩展只引起彭灌断层破裂，彭灌断层往北侧破裂时触发小鱼洞断层破裂，小鱼洞断层的破裂才引起北川断层高倾角部分发生双侧破裂。因此，同震位移资料对识别大地震的破裂方式可能具有重要作用。

（3）远场资料反演结果表明：北川断层是整个地震中占主导的破裂面，产生的地震矩占总地震矩的 90% 左右，发生较大位错的两个区域（映秀和北川附近）

与两个极震区相对应，彭灌断层的地震矩仅为总地震矩的 10％左右。3.6.5 节设定的算例可以看出，彭灌断层凹凸体分布的可靠性要低于北川断层。远场记录的反演对位错的空间分辨率有限，相近的北川断层或者彭灌断层都有位错分配到另一断层。从凹凸体对合成记录的贡献以及产生的地震矩来看，北川断层南段龙门山镇下方断层深部区域凹凸体的可靠性比北川断层南段高倾角区域凹凸体和 PGF 上凹凸体的可靠性高，北川附近凹凸体 A_4 可靠性大于南坝以北的凹凸体。

（4）基于 GPS 资料的反演表明，北川断层上滑动集中在产生较大同震位移的虹口、清平、北川和南坝近地表处。且结果表明，GPS 资料只能反映断层浅部的滑动，不能揭示深部的破裂；得到近地表子断层的滑动与同震位移吻合较好。

第 **4** 章

近场记录反演汶川地震破裂过程

近场记录的空间分辨率要优于远场记录，同一断层面，近场格林函数沿走向和倾向都有明显的变化，这有助于揭示断层破裂的细节部分。汶川地震发震断层和破裂过程都极其复杂，断层扩展的细节对认识大地震的发生机理和破裂过程至关重要。本章选取近场丰富的强震资料，来研究汶川地震破裂的详细过程。断层模型与远场记录反演时的相同，破裂速度取远场记录得到的最优值 3.0km/s。采用近场方位角覆盖较均匀的 43 个台站三分向速度记录，反演汶川地震三种方式的破裂过程。速度记录相比位移记录，包含更多的高频信息，采用速度记录更能反映破裂的细节。对比分析了断层面上位错分布和波形拟合的效果，得到了可能的破裂顺序。

4.1 近场强震数据

从中国地震局工程力学研究所"国家强震动台网中心"选取发震断层两侧分布较均匀且质量较好，断层距 163km 内的 43 个台站三分量加速度记录。将加速度记录积分成速度记录，采用带通无相移滤波到 0.08～0.5Hz，记录重采样的间隔为 0.2s，长度取 120s。取记录的全波形作为反演数据，包括 P 波、S 波和面波。台站位置如图 4-1 所示，图中右下角为小鱼洞断层处局部放大图，可以清楚地看到，地表破裂在此处出现了明显的不连续和弯曲现象。表 4-1 给出了台站经纬度、震源距和触发时刻等信息。

4.1.1 记录 P 波到时分析

台站时钟的误差、环境噪声对 P 波到时捡拾的影响和理论到时计算的误差等都会影响对记录到时的确定。在此做如下调整，确保所用记录的 P 波到时可靠准确。由发震时刻和台站 P 波理论到时，可得理论到时对应的时刻，由记录触发时刻和观测到时可得观测到时对应的时刻，两者差值如表 4-1 所示。两者的差值小于 1 个时间视窗的宽度为 2.0s，对反演结果影响较小。43 个台站中，记录触发时刻准确的有 33 个台，其中 62WIX、51JZB 和 51GYZ 震源距大于 240km，P 波可能出现丢头现象，三个台站记录如图 4-2 所示。将其余台站垂直向加速度记录

表 4-1

近场 43 个台站信息

台站	纬度(°N)	经度(°E)	震源距(km)	断层距(km)	上/下盘	卓越频率(Hz)	场地条件	触发时刻	P波理论到时(s)	EW(s)	NS(s)	UD(s)
51WCW	31.04	103.18	23.24	28.92	上	4.4	基岩	14:28:02.9	3.85	0.97	0.97	0.95
51LXT	31.56	103.45	65.92	51.28	上	3.7	土层	14:28:11.5	10.82	0.24	0.24	0.24
51LXM	31.57	103.34	66.54	59.63	上	3.4	土层	14:28:11.2	10.92	0.17	0.13	0.07
51BXY	30.53	102.92	68.05	37.22	上	4.0	土层	14:28:08	11.15	—	—	—
51SFB	31.28	103.99	69.46	7.85	上	4.4	土层	14:28:12.1	11.43	0.42	0.47	0.37
51XJD	30.97	102.64	70.52	63.18	上	4.1	土层	14:28:02.4	11.62	—	—	—
51BXZ	30.49	102.88	73.41	42.62	上	5.2	基岩	14:28:13	12.06	0.12	0.10	−0.02
51LXS	31.53	102.91	75.69	86.05	上	3.9	土层	14:28:13.1	12.43	0.36	0.41	0.36
51MXN	31.58	103.73	76.03	33.62	上	4.6	土层	14:28:14.8	12.47	0.03	0.08	0.04
51BXD	30.37	102.82	87.24	55.73	上	—	土层	14:28:17	14.30	0.03	0.03	0.06
51MXT	31.68	103.85	91.10	33.24	上	—	基岩	14:28:28.8	14.93	—	—	—
51MZQ	31.52	104.09	92.21	4.18	上	—	土层	无	15.13	—	—	—
51XJB	30.99	102.37	95.88	87.81	上	3.9	土层	14:28:18.2	15.76	0.50	0.54	0.48
51HSL	32.06	103.26	120.78	103.58	上	3.2	土层	14:28:23.1	19.71	0.54	0.01	0.26
51MXD	32.04	103.68	121.91	73.17	上	3.2	土层	14:28:24.1	19.90	0.80	0.73	0.65

续表

台站	纬度(°N)	经度(°E)	震源距(km)	断层距(km)	上/下盘	卓越频率(Hz)	场地条件	触发时刻	P波理论到时(s)	EW(s)	NS(s)	UD(s)
51HSD	32.07	102.98	126.82	123.60	上	4.0	土层	7:36:31.500	20.69	—	—	—
51MEZ	31.87	102.29	142.43	155.39	上	4.5	土层	14:28:26.6	23.26	1.11	1.09	1.13
51MED	31.90	102.22	149.50	162.55	上	7.6	土层	14:28:28.8	24.41	1.29	1.51	1.41
51SPA	32.51	103.64	172.22	112.73	上	4.1	土层	14:28:33.5	28.01	1.81	1.29	1.36
51SPT	32.64	103.6	185.99	125.63	上	—	基岩	14:28:37.3	30.23	1.54	1.53	1.43
51SPC	32.78	103.62	201.65	135.20	上	—	土层	14:28:39.6	32.75	1.24	1.18	1.92
51PWM	32.62	104.52	212.69	61.03	上	3.73	土层	14:24:20:670	34.56	—	—	—
51JZW	33.03	104.21	241.54	114.30	上	4.9	土层	14:28:49.4	39.18	1.92	1.93	1.94
62WIX	32.95	104.48	243.10	89.57	上	—	基岩	14:29:01	39.45	2.85	2.85	2.85
51JZY	33.24	104.25	264.82	127.94	上	3.6	土层	14:29:05.4	42.80	1.30	1.20	1.23
51JZB	33.33	104.11	270.59	144.53	上	3.7	土层	14:29:13.0	43.50	7.79	7.79	7.79
62WUD	33.35	104.99	304.82	87.10	上	2.0	土层	14:29:02.0	47.76	0.24	-0.20	0.25
51PXZ	30.91	103.76	41.19	21.22	下		基岩	14:28:07	7.28	-0.13	-0.13	-0.33
51DXY	30.59	103.52	48.60	30.29	下	3.9	土层	14:27:49:825	8.55	—	—	—
51QLY	30.41	103.27	65.30	35.08	下	5.5	土层	14:27:55:320	11.45	—	—	—

续表

台站	纬度 (°N)	经度 (°E)	震源距 (km)	断层距 (km)	上/ 下盘	卓越频 率(Hz)	场地 条件	触发 时刻	P波理 论到时(s)	EW(s)	NS(s)	UD(s)
51XJL	30.38	103.80	80.55	65.86	下	—	基岩	14：28：8：55	13.74	—	—	—
51PJW	30.29	103.63	82.75	61.29	下	3.5	土层	14：28：18	14.09	0.37	0.75	0.39
51PJD	30.25	103.41	83.23	55.03	下	4.0	土层	14：28：19	14.16	1.32	1.39	1.20
51CDZ	30.55	104.09	85.87	72.36	下	—	基岩	14：31：21	14.64	—	—	—
51YAM	30.09	103.10	103.85	71.38	下	6.6	土层	14：28：22	17.51	1.37	1.19	1.09
51AXT	31.54	104.30	109.23	8.66	下	6.5	土层	14：28：27	18.44	1.48	1.50	1.20
51DYB	31.29	104.46	110.66	39.33	下	6.2	土层	14：28：26.8	18.69	2.75	2.68	2.74
51JYH	31.78	104.63	149.94	12.41	下	3.6	土层	14：28：26	25.03	0.66	0.32	0.45
51JYD	31.78	104.74	158.45	19.94	下	10.7	土层	14：28：28	26.28	0.07	0.09	0.00
51JYC	31.90	104.99	185.45	27.63	下	7.8	土层	14：28：34	29.63	0.43	0.31	0.31
51CXQ	31.74	105.93	258.31	104.55	下	16.4	土层	14：28：45	38.69	0.44	0.61	0.35
51GYS	32.15	105.84	268.56	66.12	下	7.1	土层	14：28：45	43.36	1.03	0.97	0.77
51GYZ	32.62	106.11	316.65	58.14	下	4.8	土层	14：29：07	49.36	2.35	2.35	2.35

注：表后三列中的"—"表示该台站触发时刻与邻近台站有较大差异。

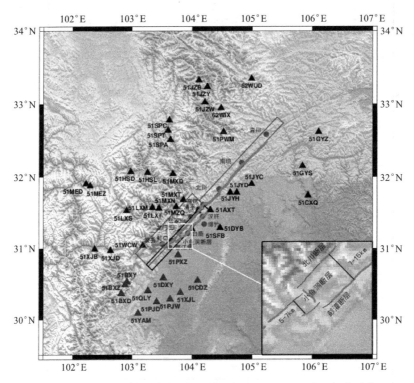

图 4-1 汶川地震地表破裂带、断层模型投影及所用 43 个近场台站位置
（右下角表示小鱼洞断层处局部放大图。红色线为地表破裂带，棕色和
黑色矩形分别为北川断层和彭灌断层，黑色三角形表示台站，蓝色三角
形表示断层西南侧台站，红色五角星为震中）

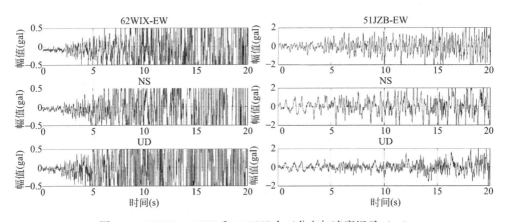

图 4-2 62WIX、51JZB 和 51GYZ 台三分向加速度记录（一）

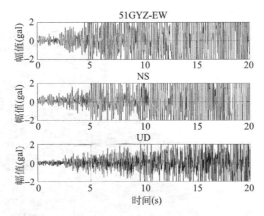

图 4-2　62WIX、51JZB 和 51GYZ 台三分向加速度记录（二）

按震源距从近到远排列，如图 4-3 所示，0 时刻表示发震时刻，曲线表示 P 波理论到时。大部分台站理论到时与观测到时差别较小，在 2.0s 之内。所以，虽然选用简单的 1 维介质速度构造，但得到的 P 波震相到时较准确，所选速度构造是对真实情况较好的近似，可用来计算格林函数。62WIX、51JZB 和 51GYZ 位于北川断层北段附近，由于北段周边台站较少，为了更好地限制滑动分布，将 3 个台站 S 波到时

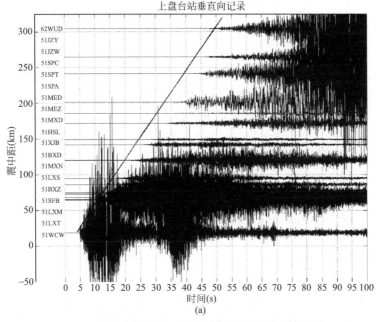

图 4-3　上下盘台站垂直向记录按震源距从近到远排列

（a）表示上盘台站；（b）表示下盘台站

（曲线表示 P 波理论到时，0 时刻表示发震时刻。为了突出 P 波初始处的波形，

对某些记录做了放大处理）（一）

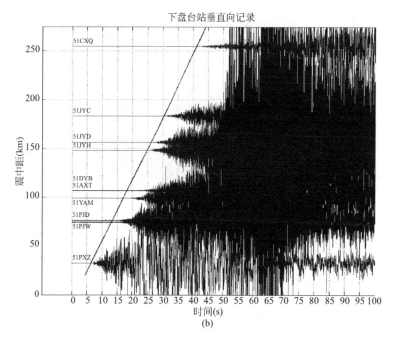

图 4-3　上下盘台站垂直向记录按震源距从近到远排列

（a）表示上盘台站；（b）表示下盘台站

（曲线表示 P 波理论到时，0 时刻表示发震时刻。为了突出 P 波初始处的波形，
对某些记录做了放大处理）（二）

校正为理论 S 波到时后，作为反演资料，S 波捡拾到时利用 Husid Plot 方法。其余 9 个台站触发时刻与临近台有较大差异，如 51DXY、51QLY 和 51CDZ 等，51MZQ 台站触发时刻丢失。将这 10 个台 P 波到时校正为理论 P 波到时。

4.1.2　记录分析

所用台站除 51WCW、51BXZ 和 51MXT 等 8 个基岩台外，其余都是土层台站，绝大部分位于二类场地。参考喻烟（2012）给出的台站钻孔信息，由 $f = V_s/4H$ 可得台站所在场地的卓越频率，其中 V_s 是剪切波速，H 是土层厚度。可以看出，卓越频率基本都在 2.0Hz 以上，大于所用的频率上限 0.5Hz，所以计算格林函数可不考虑表层土的影响。PGF 和北川断层南段台站方位角覆盖较均匀且数量较多，断层距 60km 内有 15 个台站，紧靠发震断层有 51WCW、51SFB 和 51MXN 等台。BCF5 台站的方位角覆盖相对较差，断层距 60km 内只有 51JYH、51JYC、51JYD 和 51GYZ 台，断层东北端没有台站。北川断层南段台站分布要优于北段，北段的反演结果可能控制不好。

断层西南侧区域有 11 个台站，位于下盘有 8 个，位于上盘有 3 个（图 4-1 中蓝色三角形所示）。这些台站速度记录分为明显的两个波段（图 4-4）。第一个波

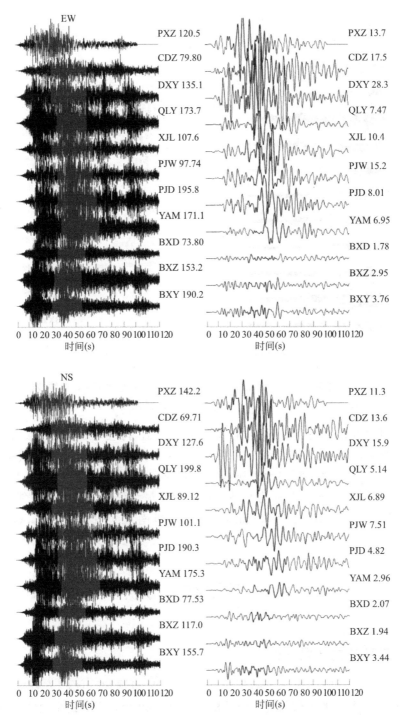

图 4-4 西南侧台站 11 个台站三分向加速度记录和速度记录，蓝线波段
表示第 2 个波包，字母和数值分别表示台站和记录的最大值（一）

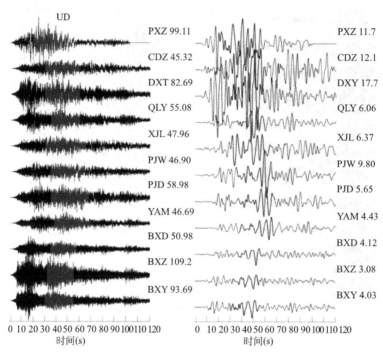

图 4-4　西南侧台站 11 个台站三分向加速度记录和速度记录，蓝线波段
表示第 2 个波包，字母和数值分别表示台站和记录的最大值（二）

段从 P 波到时开始，幅值较小，大体位于 15～30s，持续 15s 左右；接着为第二
个波段，幅值较大，约从 30～55s，持续 25s 左右。51MZQ 台站的断层距最小，
仅为 4.2km，靠近北川断层地表迹线。其东西和南北向 PGV 达 103.1cm/s 和
58.0cm/s，东西向 PGV 是所有台站中观测到的最大值。51SFB 台紧邻 PGF 与
地表的交线，断层距仅为 7.9km，其东西和南北向 PGV 达 85.0cm/s 和
79.1cm/s。

4.2　反演结果分析

4.2.1　三种方式结果分析

采用近场记录反演时，子断层也包含 5 个时间视窗，此时方程的个数为
82800，待反演参数的个数与远场记录相同，为 8540 个，方程的个数约为待反演
参数的 10 倍。三种破裂方式反演结果展示于表 4-2 和图 4-5。

三种破裂方式断层面上地震矩和最大位错

表 4-2

方式	PGF		BCF1		BCF2		BCF3		BCF4		BCF5		总	残差
	最大位错 (m)	地震矩 $(10^{21}\,\mathrm{N\cdot m})$	最大位错 (m)	地震矩 $(10^{21}\,\mathrm{N\cdot m})$	最大位错 (m)	地震矩 $(10^{21}\,\mathrm{N\cdot m})$	最大位错 (m)	地震矩 $(10^{21}\,\mathrm{N\cdot m})$	最大位错 (m)	地震矩 $(10^{21}\,\mathrm{N\cdot m})$	最大位错 (m)	地震矩 $(10^{21}\,\mathrm{N\cdot m})$	地震矩 $(10^{21}\,\mathrm{N\cdot m})$	残差
1	7.1	0.143	5.1	0.043	4.8	0.040	8.0	0.096	8.2	0.172	8.7	0.612	1.106	0.492
2	7.6	0.142	4.5	0.050	6.8	0.067	8.7	0.097	7.2	0.157	9.3	0.600	1.112	0.459
3	7.5.	0.155	4.6	0.043	7.9	0.055	8.5	0.116	8.7	0.177	10.3	0.592	1.138	0.458

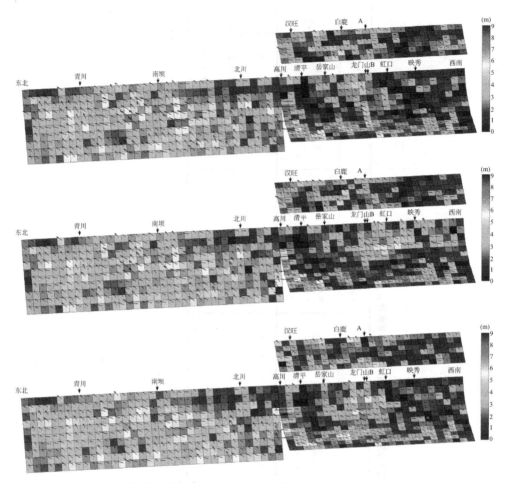

图 4-5　5 个视窗时破裂方式 1（上图）、2（中图）和 3（下图）断层面滑动量
和滑动方向分布

　　破裂方式 1、2 和 3 得到的地震矩分别为 1.106×10^{21} N·m、1.112×10^{21} N·m 和 1.138×10^{21} N·m，比远场结果大约 18%。破裂过程相同的 BCF3、BCF4 和 BCF5 断层面上地震矩的大小与远场记录结果有所不同。三种方式，BCF1 和 BCF2 上的地震矩比远场结果低，而 BCF4、BCF5 和 PGF 上地震矩大于远场结果。BCF3 上，方式 3 地震矩为 0.116×10^{21} N·m，比方式 1 和 2 大 20%；BCF3 上最大位错值三种方式相近。BCF4 上，方式 1 和 3 地震矩接近，方式 2 的值小 9%，最大位错值方式 2 小 12%。BCF5 上，三种方式地震矩相近，方式 3 得到的最大位错最大。破裂过程不相同的 BCF1 上，方式 2 地震矩比方式 1 和 3 大 16%，得到的最大位错最小。BCF2 上，方式 2 的地震矩也最大，比方式 1 和 3 大 45%，方式 3 得到的最大位错最大。PGF 上，方式 3 地震矩比方式 1 和 2 大

9%；断层面上最大位错三种方式相近。近场记录结果的差异，说明反演结果更复杂。

从图 4-5 位错分布可见，三种方式的结果相比远场记录更分散且更复杂。位错分布表明，北川断层南段位错集中在三个区域。第一个区域位于初始破裂点附近，为逆冲兼走滑错动；三种方式此区域的位置和错动形式都相近。第二个区域位于 BCF3 和 BCF4 上，方式 1 和 3 时，其从断层中间部分一直到 BCF3 和 BCF4 的东北端；方式 2 时，沿走向其位于岳家山西南侧 10km 处到 BCF3 和 BCF4 的东北端；总体上位错形式为逆冲兼右旋走滑，而在 BCF3 和 BCF4 的东北端表现为逆冲错动为主。第三个区域位于高倾角的 BCF1 和 BCF2 上，方式 1 和 3 时，位于虹口到岳家山区域；方式 2 时，此区域的西南侧几乎扩展到断层的西南端；以逆冲错动为主。在 PGF 上，三种方式位错集中在断层中间到断层北端的区域；在断层西南段，方式 3 的位错比方式 1 和 2 大，以逆冲错动为主。相比北川断层南段和 PGF，BCF5 上的位错分布更加离散，三种方式位错分布相似。

从台站分布来看，限制 PGF 和北川断层南段滑动分布的有 28 个台站，台站方位角覆盖较好，且有一定量近断层台站。而限定 BCF5 滑动分布的只有 15 个台站，台站方位角覆盖要差，且近断层台站较少，尤其是南坝以北，断层距 60km 内没有台站分布。BCF5 周边台站分布的限定，可能使得其上位错分布不可靠。

图 4-6 表示三种方式合成记录与观测记录的比较。总体上看，三种方式大部分台站合成记录的幅值和相位信息与观测记录符合较好。位于北川断层南段上盘区域的台站，例如 51XJB、51XJD、51WCW、51LXS、51SFB、51MXN、51MXT、51MEZ、51MED 和 51HSD，三种方式合成速度记录与观测记录吻合很好，相关系数都大于 0.6，幅值比大于 0.7。其中 51MZQ 东西向合成记录的幅值要小于观测记录，合成记录的最大值仅为观测值的 1/2，由于 51MZQ 东西向观测到了所有台站中的最大的 PGV，为 67cm/s，为南北和垂直向的 1.6 和 3.5 倍。东西向大观测记录的产生可能由于场地或局地形的影响，在此计算的格林函数不能考虑上述因素。其他 4 个台站 51LXM、51LXT、51MXD 和 51HSL 合成记录的幅值比观测记录小，其中 51LXM 东西和垂直向、51LXT 三分向、51MXD 南北向和 51HSL 东西向合成记录较差，相关系数小于 0.6，幅值比小于 0.7。位于 BCF5 上盘区域的台站，如 51SPA、51SPT、51SPC、51PWM、51JZB 和 62WUD，合成记录与观测记录吻合也很好。其他台站 51WIX、51JZW、51JZY 和 51JZB，合成记录与观测记录的相位信息符合很好，相关系数大于 0.7，但合成记录幅值偏低，小于 0.6；可能由于此区域台站记录一定程度上受地形影响。位于 BCF5 下盘区域的 51DYB、51AXT、51JYH、51JYD 和 51JYC 台站，三分向合成记录与观测记录符合很好，其中 51DYB 南北向和 51AXT

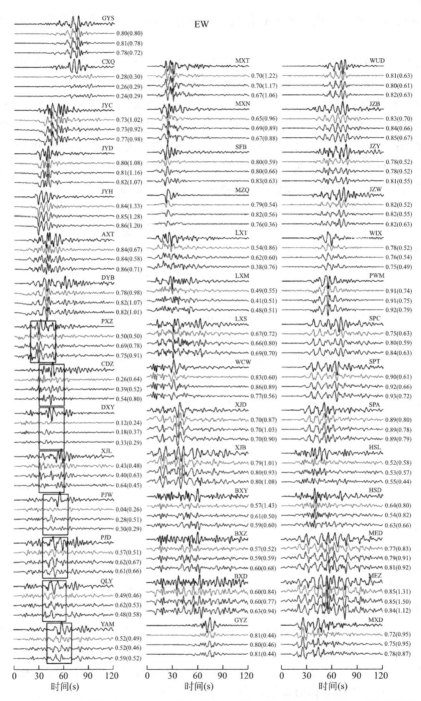

图4-6 5个视窗，破裂方式1、2和3合成速度记录与观测速度记录比较，每组图从上到下依次表示观测记录，方式1、2和3的合成记录，矩形框表示西南侧下盘区域的第2个波包。字母表示台站，数字表示相关系数和合成记录与观测记录最大值之比（括号中的数字）（一）

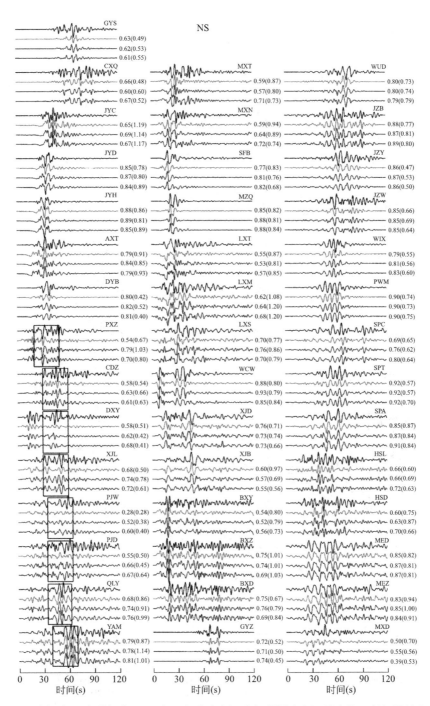

图 4-6 5 个视窗，破裂方式 1、2 和 3 合成速度记录与观测速度记录比较，每组图从上到下依次表示观测记录，方式 1、2 和 3 的合成记录，矩形框表示西南侧下盘区域的第 2 个波包。字母表示台站，数字表示相关系数和合成记录与观测记录最大值之比（括号中的数字）（二）

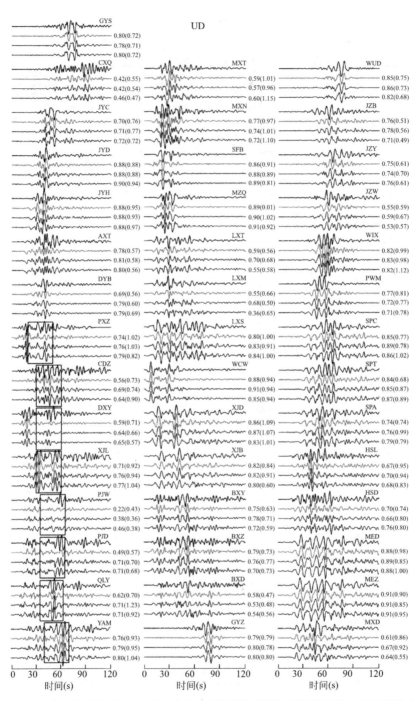

图 4-6　5 个视窗，破裂方式 1、2 和 3 合成速度记录与观测速度记录比较，每组图从上到下依次表示观测记录，方式 1、2 和 3 的合成记录，矩形框表示西南侧下盘区域的第 2 个波包。字母表示台站，数字表示相关系数和合成记录与观测记录最大值之比（括号中的数字）（三）

东西向合成记录幅值小于观测记录，合成记录的幅值约为观测值的1/2。位于BCF5东北端的51GYS和51GYZ三分向合成记录与观测记录符合较好，其中51GYS南北向和51GYZ水平向合成记录的幅值偏低，约为观测值的1/2；而51CXQ的合成记录的效果较差。

位于断层西南端的11个台站中，合成记录的幅值比观测记录要小。位于下盘的8个台站中，东西向合成记录只有51YAM和51PXZ与观测记录相似，相关系数在0.7左右，但合成记录的幅值偏低。其他台站合成记录的幅值和相位信息与观测记录差别较大。南北和垂直向合成记录符合情况要好于东西向，其中51YAM、51QLY、51XJL、51CDZ和51PXZ，方式2和方式3时，合成记录第2个波包的幅值大于方式1，而方式1的值远小于观测记录。51PJD、51PJW和51DXY，第2个波包的后半段，三种方式合成记录幅值都小于观测记录，但是方式2和方式3波形更符合观测记录。位于上盘的51BXD、51BXZ和51BXY台站，三种方式合成记录相似，但幅值偏低。从西南侧台站合成记录对比说明，方式2和方式3的结果要好于方式1，且方式1波形拟合残差比方式2和方式3大7%。下盘区域合成记录中东西向符合最差，可能由于记录受盆地的影响，因为此区域位于四川盆地内。

从位错分布图可以看出，近场记录反演结果与远场记录或GPS资料反演结果差异较大，近场记录得到断层面上的位错分布离散性很大。方式1时，北川断层南段高倾角的龙门山到清平区域有位错分布，与远场或GPS反演得到的位置相近。龙门山下侧断层深部区域（BCF3和BCF4）有位错分布，与远场反演结果位错的位置相近。方式2时，北川断层南段高倾角的虹口到映秀区域有位错分布，与远场或GPS得到的位错分布的位置相近。方式3时，在北川断层南段龙门山下侧断层深部区域（BCF3和BCF4）位错分布的位置与远场反演结果位错的位置相近。三种方式初始破裂点附近有一定的位错分布，这在远场或GPS结果中也有体现。彭灌断层白鹿下方和断层东北侧近地表区域有位错分布，这与远场反演结果位错的位置相近，其中断层东北侧近地表区域的位错在出现在GPS反演的结果中。而BCF5上的位错分布与远场或GPS反演结果差别大。

4.2.2　提高西南侧台站权重结果分析

通过上一节的分析可以看到，西南侧台站合成记录的幅值偏低。为了满足西南侧台站的合成记录，提高西南侧台站在反演中的权重。取西南侧下盘8个台站权重为其他区域台站的3倍，使得反演结果满足西南侧台站的合成记录，三种方式位错分布如图4-7所示。与图4-6西南侧台站不加权重结果比较可得：方式1和方式2，北川断层南段在岳家山到虹口区域的位错显著增加。方式2时，不仅岳家山到虹口区域的位错增大，高倾角区域虹口到断层西南端区域的位错也显著增大。方式3时，PGF 在断层西南段（从 A 点到断层西南端）产生了明显的位错，在近地表区域的位错值达 3～5m；而地表破裂调查结果显示此区域没有地表破裂产生，所以方式3在西南端近地表区域产生大的位错是不合理的。此外，三种方式北川断层南段深部低倾角区域（BCF4）的位错也明显变大。

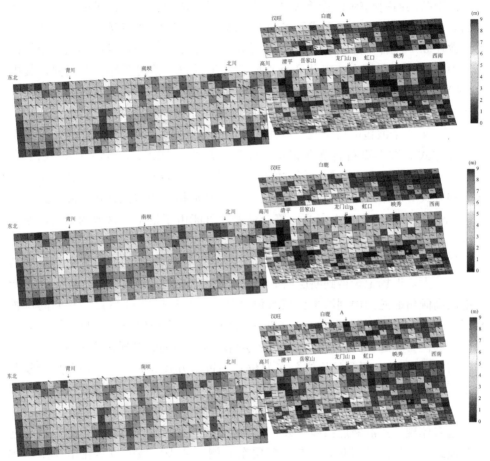

图 4-7　西南侧下盘区域 8 个台站权重提高 3 倍，三种方式反演结果，
从上到下依次为破裂方式 1、2 和 3

　　方式1时，北川断层发生从初始破裂点往北的单侧破裂，受子断层破裂到时的限制，只有3个区域位错的合成记录对应西南侧区域台站的第2个波包。PGF东北段（从 A 点到 PGF 断层东北端）、BCF1 和 BCF2 东北段（从 B 点到 BCF1和 BCF2 的东北端）和 BCF3 和 BCF4 东北段（从 B 点到 BCF3 和 BCF4 的东北端）。而 BCF1 和 BCF2 西南段（从 B 点到断层西南端）和 PGF 西南段（从 A 点到断层西南端）不允许产生大的位错，由于 S 波在西南侧区域台站的到时早于第2个波包。而方式2时，BCF1 和 BCF2 发生从 B 点开始的双侧破裂，B 点西南侧

区域的破裂时间比方式 1 晚，S 波到时对应西南侧区域台站第 2 个波包。方式 3 发生从 A 点开始的双侧破裂，A 点西南侧区域到时满足要求，也产生了较大的位错。

为了满足西南侧区域台站的合成记录，方式 1 时在岳家山和虹口区域产生较大的位错，使得此区域周边的 51LXS、51LXM、51LXT、51MZQ、51MXN 和 51MXT 的合成记录变差，波形相关系数降低，产生较大残差。而方式 3 在 PGF 西南段近地表区域产生较大的位错值，与野外调查结果矛盾。而方式 2 时西南侧台站合成记录的虽然有所改善，但仍不能满足合成记录的要求，下面对方式 2 进一步分析。

4.2.3　方式 2 北川断层南段取 10 个视窗结果分析

首先取北川断层南段（BCF1、BCF2、BCF3 和 BCF4）子断层包含 10 个视窗，看能否满足西南侧台站的合成记录。10 个时间视窗时，台站的合成记录与观测记录符合较好，相关系数比 5 个视窗时提高 25%，但是地震矩增大 15%。10 个视窗时，前 5 个视窗的滑动过程和子断层只包含 5 个视窗的结果相似。在 BCF3 和 BCF4 上，后续 5 个视窗的合成记录对西南侧台站第 2 个波包的贡献很小，但使得地震矩增大 12%。所以我们认为 BCF3 和 BCF4 视窗不宜增多。相反，BCF1 和 BCF2 上龙门山到映秀区域大部分子断层后续 5 个视窗产生了较大的滑动，且对西南侧台站第 2 个波包有较大的贡献。西南侧台站波形拟合的提高，可能由于此区域后 5 个视窗的位错产生。

为了使得反演结果符合西南侧台站的观测记录，同时地震矩不会增大很多。我们设定 BCF1 和 BCF2 部分区域为 10 个视窗，提高西南侧台站的权重，经过尝试发现，沿走向从龙门山东北侧 10km 到映秀西南侧 10km，沿倾向 9km（从地表开始最浅处 3 排）取 10 个视窗时，西南侧台站的合成记录的效果明显提高，且地震矩不会增大很多。我们取此种结果作为近场记录的最终结果，图 4-8 给出了位错分布和合成记录。

地震矩为 1.18×10^{21} N·m，比 5 个视窗时大 6%。与 5 个视窗结果相比，增加视窗的区域位错值明显增大，尤其在虹口到映秀区域。在虹口到映秀区域的近地表处，平均倾滑量约为 4m，平均走滑量约为 3m，大于 5 个视窗的结果，与地表观测值更符合。

北川断层南段上有三个凹凸体。第 1 个位于初始破裂点下侧，沿走向长 35km，沿倾向长 18km，以逆冲兼走滑错动。此凹凸体最大位错 6m，释放地震矩为 5.612×10^{19} N·m，静态应力降为 8.8MPa。大部分子断层只有 2～3 个视窗发生滑动，持续时间在 4～6s，滑动速度位于 20～160cm/s。此区域破裂较短的持续时间，导致了 51WCW 台站观测到大的 PGA 和 PGV。此凹凸体合成记录

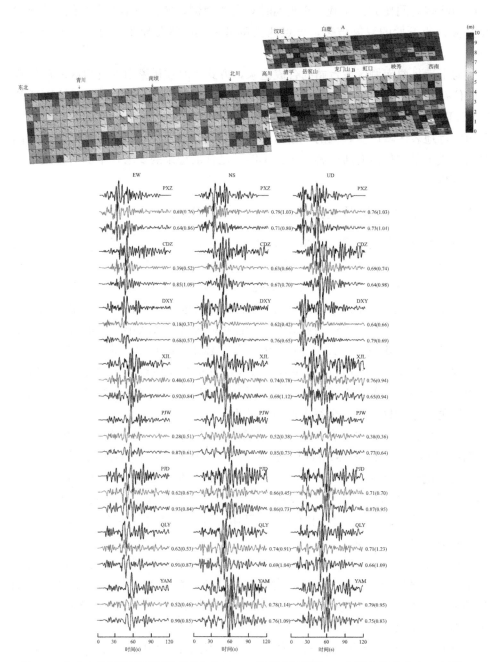

图 4-8　方式 2 北川断层高倾角 BCF1 和 BCF2 的部分区域取 10 个视窗位错分布（上图），
西南侧台站合成记录与 5 个视窗合成记录比较（下图），每幅图从下到时依次
表示观测记录、5 个视窗合成记录和 10 个视窗合成记录

对应 51XJB、51XJD、51WCW、51LXS、51LXM、51LXT、51XJB、1LXM 和 51LXT 台站观测初始的小波包。第 2 个凹凸体位于 BCF1、BCF2 和 BCF3 上，分布在岳家山到映秀区域，沿走向约 70km，沿倾向约 15km，释放地震矩 1.572×10^{20} N·m。在深部区域为走滑兼逆冲错动，往浅部逐渐为逆冲错动为主，尤其在虹口到映秀区域，逆冲错动非常明显。凹凸体最大位错 11m，静态应力降 9.6MPa，滑动速率在 $20 \sim 160$cm/s 之间。此凹凸体合成记录对西南侧台站第 2 个波包起主要贡献，参与合成 BCF4 上盘区域台站幅值较大的波段。此凹凸体导致 51SFB 和 51MZQ 台站产生较大的水平向 PGV。断层上，紧靠 51SFB 台周边区域最大滑动速率为 100cm/s，平均滑动速率 63cm/s，与 51SFB 台站水平向 PGV 的 80cm/s 相当。51MZQ 临近区域，最大滑动速率达 130cm/s，与此台站观测到大 PGV（100cm/s）相对应。第 3 个凹凸体位于 BCF3 和 BCF4 的西南段，沿倾向约 15km，沿走向从岳家山西南侧 10km 处一直到 BCF4 的北端，长约 40km。总体上，此凹凸体表现为走滑兼逆冲错动，在 BCF4 的东北端转变为逆冲错动为主。释放地震矩为 8.372×10^{19} N·m，最大位错 7m，静态应力降为 10.9MPa，子断层滑动速率为 $20 \sim 130$cm/s。合成记录对应 51MXT 和 51MXN 的主要幅值段，51LXT、51LXM 和 51LXS 的第 2 个幅值较大的波段，以及 51SPA、51SPT 和 51SPC 从 30 到 50 秒的记录，51MXD、51MEZ、51MED、51HSD 和 51HSL 主要幅值段。51MXT 和 51MXN 台站水平向 PGV 为 21cm/s 和 25cm/s，断层上紧靠这两个台站区域的子断层平均滑动速度为 40cm/s。

　　除了西南侧台站合成记录变化较大外，其他区域的台站合成记录变化较小。在此只给出西南侧台站的合成记录。从图 4-8 给出的结果可以看出，西南侧台站合成记录与观测记录的相关系数和幅值比有了明显的提高。其中东西向合成记录的幅值和相位信息与合成记录吻合很好。图 4-9 给出了北川断层高倾角 BCF1 和 BCF2 区域取 10 个视窗子断层的滑动过程。此区域后续 5 个时间视窗的位错能满足西南侧台站第 2 个波包的合成记录，同时不会破坏其他区域的合成记录，且与地表破裂相符。从子断层的滑动过程可见，此区域子断层滑动过程变化较复杂。龙门山南侧子断层（黑色矩形框所示）前 $2 \sim 3$ 个视窗发生滑动后停顿 1 或 2 个视窗（$2 \sim 4$s）后接着出现连续破裂的 $2 \sim 5$ 个视窗。说明此区域可能存在两次破裂，第一次破裂持续时间约 $4 \sim 6$s，停顿 $2 \sim 4$s 后发生第二次破裂，持续时也为 $2 \sim 10$s。此种现象在映秀下侧区域也有体现（黑色矩形框所示子断层），此区域前 $1 \sim 4$ 个视窗发生滑动后，停顿 $1 \sim 3$ 个视窗（$1 \sim 6$s）后接着连续破裂的子断层。且此区域子断层破裂持时较长，最大达 15s。虹口附近子断层（红色矩形框所示）前几个视窗的滑动较小，在第 $4 \sim 6$ 个视窗才开始发生较大滑动，说明此区域可能存在 8s 左右的破裂延时。

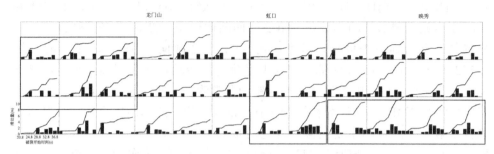

图 4-9　北川断层高倾角 BCF1 和 BCF2 区域取 10 个视窗子断层滑动过程

4.2.4　近场记录对区分北川断层南段和彭灌断层滑动分布的作用

3.5.5 节设置的算例说明，远场记录不能区分北川断层南段和彭灌断层的滑动分布，近场记录的分辨率要高于远场记录，能否分辨两者的滑动分布？在此，也通过算例来说明。

算例 1 和 2 分别设定北川断层南段高倾角 BCF1 和 BCF2 的岳家山到龙门山区域、虹口到映秀区域以及 PGF 从 A 点到汉旺区域发生滑动角为 135° 的错动，子断层上升时间 10s。输入模型的最大滑动量和地震矩如表 4-4 所示。计算模型在 43 个台站的理论记录，施加记录最大值 10% 的白噪声作为反演数据，并对记录做带通滤波，频带范围 0.08～0.5Hz。结果如表 4-3、图 4-10、图 4-11 所示。

采用近场记录的两个算例输入及反演的最大滑动量和地震矩　　　　表 4-3

算例		PGF			BCF1～BCF4		
		最大滑动量 (m)	地震矩 (10^{21}N·m)	地震矩 占比重 (%)	最大滑动量 (m)	地震矩 (10^{21}N·m)	地震矩 占比重(%)
1	输入	—	—	—	10.0	0.140	100
	结果	1.9	0.012	8	11.0	0.142	92
2	输入	10.0	0.138	100	—	—	—
	结果	9.0	0.097	65	2.7	0.052	35

算例 1 的结果说明：北川断层高倾角的滑动，很少一部分会分配到 PGF 上。得到北川断层南段地震矩占 92%，PGF 上的地震矩占 8%。而远场记录反演时，北川断层南段会有约 18% 的地震矩分配到 PGF 上。算例 2 的结果表明，PGF 上的滑动部分仍位于设置滑动的区域，得到 PGF 的地震矩占 65%，北川断层南段地震矩占 35%，而远场记录的结果 PGF 上 50% 的地震矩会分配到北川断层南段。以上结果说明，对于空间上相近且近乎平行的两个断层，近场记录对两者滑动分布的识别能力要比远场记录强。

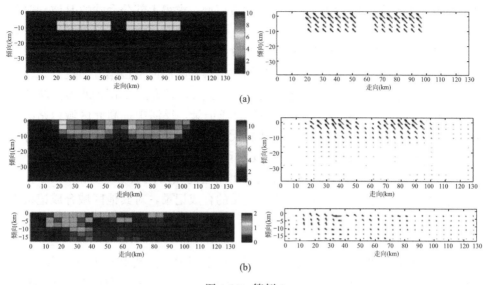

图 4-10　算例 1

（a）输入模型；（b）反演结果

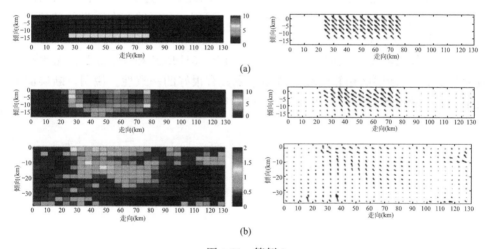

图 4-11　算例 2

（a）输入模型；（b）反演结果

4.3　结论

本章采用近场高质量宽频带强震记录，基于有限断层模型，反演了汶川地震破裂过程，揭示了破裂过程的细节。所用的 43 个台站，最大范围的覆盖了断层的上盘和下盘区域。由选用的 1 维速度构造模型，求得大部分台站的 P 波到时与观测到时误差在 1 个时间视窗宽度范围内。台站三分向合成记录与观测记录符合程度较高，可认为反演结果较好的再现了汶川地震的滑动过程。

（1）相比远场记录的反演结果，近场数据得到断层面上位错分布更复杂。方式 2 和 3，西南侧区域台站合成记录要优于方式 1，且方式 2 和 3 波形拟合残差比方式 1 小 7%。为了满足西南侧台站的合成记录，反演中提高此区域台站的权重。方式 1 使得岳家山到虹口区域产生较大的位错，破坏此区域周边台站的合成记录，产生较大的残差。方式 3 导致 PGF 西南段近地表区域子断层产生 3～5m 的位错，与观测结果矛盾。而方式 2 在北川断层高倾角区域 BCF1 和 BCF2 虹口西南侧区域产生位错，既能满足西南侧台站的合成记录，对其他区域合成记录影响较小，同时虹口到映秀区域近地表子断层位错符合同震位移。所以方式 2 最合理。

（2）基于方式 2，取北川断层北段为 10 个视窗。分析结果发现，BCF3 和 BCF4 后 5 个视窗的位错对西南侧台站合成记录贡献很小，但使得地震矩增大 12%，而 BCF1 和 BCF2 上从龙门山东北侧 10km 到映秀西南侧 10km 的区域后 5 个视窗的位错对西南侧台站起重要贡献。所以取此区域为 10 个视窗，西南侧台站合成记录明显改善。分析子断层的滑动过程可得，此区域存在明显的破裂停顿和二次破裂，部分区域破裂持时可达 15s。

（3）近场反演结果表明，51MZQ、51SFB、51MXN 和 51MXT 台站水平向较大的 PGV 与断层面相邻区域的滑动速率具有很好的一致性。说明，断层面上发生较大滑动速率的区域，其临近的台站往往伴随有较大的 PGV 产生。

■第**5**章■

联合远场、近场、GPS和同震位移
资料反演汶川地震破裂过程

反演时采用的资料不同，揭示的断层破裂过程的信息也有所不同。基于单一数据的反演，既有可取之处也有不足之处。震中距30°～90°的远场数据，震相传播路径简单，格林函数的计算耗时短，震后可快速获得观测记录，且能反应断层深部区域的滑动；但由于远场格林函数分辨率较低，对于汶川地震，发震断层非常复杂的情况，不易获得精细的破裂过程。GPS数据可以反映断层浅处的滑动，但是对深部的滑动不敏感，且不涉及破裂的时间过程。而近场数据可以反映断层破裂过程的细节，能识别断层浅部区域的滑动，但对深部区域的滑动不敏感，且格林函数的计算受速度构造的影响较大。不加入同震位移的限定，往往高估近地表子断层的滑动。为了克服单一数据反演时的不足，本章联合多种数据反演汶川地震破裂过程。

5.1 联合远场资料与近场资料反演结果

5.1.1 三种破裂方式反演结果

尽管联合多种资料反演时，待反演的参数不变，但方程的个数变多。联合远场和近场资料时，方程的个数为108099个，是待反演参数的13倍左右。首先需要确定不同数据在反演中的权重，关于权重的选取有不同的方法。远场和近场记录归一化以后，波形也有不同的特点。Hartzell和Heaton（1983）考虑到远场记录周期长，归一化后整条记录都有较大的幅值，而近场记录归一化后，幅值较大的波段只占整条记录的一部分，所以联合反演时将远场记录最大值调整为0.5。Hartzell等（2013）采用近场记录120条、远场记录50条记录和117个台站GPS数据联合反演汶川地震破裂过程时，设置不同的数据占有相同的权重。本书所用数据与其相似，参考其计算权重的方法。首先计算不同数据组成的格林函数矩阵中各数据绝对值的和 Sum（G_{all}），再计算不同数据相应格林函数绝对值的和 G_{si}，反演中数据的权重因子取为：$W_i = Sum（G_{all}）/G_{si}$，得到远场权重因子为

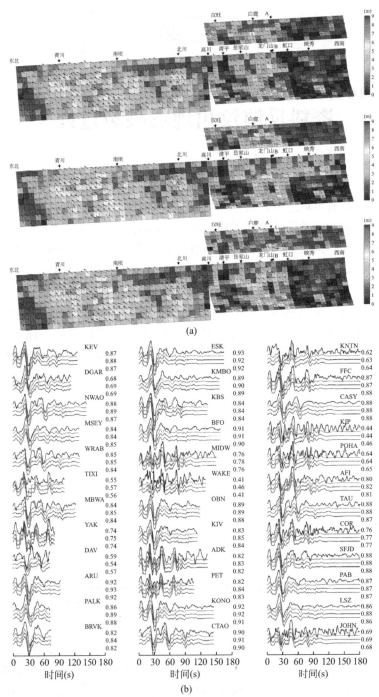

(a)

(b)

图 5-1　联合远场和近场记录取远场和近场权重分别为 2.3 和 1.8 时反演结果（一）

（a）三种破裂方式位错分布图，从上到下依次为方式 1、2 和 3；（b）三种破裂方式远场合成记录与观测记录对比图，从上到下依次为观测记录（黑线），方式 1、2 和 3 的合成记录（红色、蓝色和棕色线）

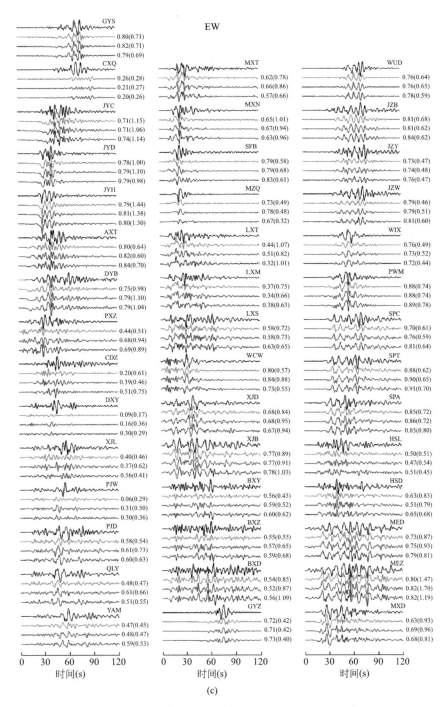

图 5-1　联合远场和近场记录取远场和近场权重分别为 2.3 和 1.8 时反演结果（二）

（c）三种破裂方式近场三分向合成记录与观测记录对比图，每组图从上到下依次为观测记录

（黑线），方式 1、2 和 3 的合成记录（红色、蓝色和棕色线）

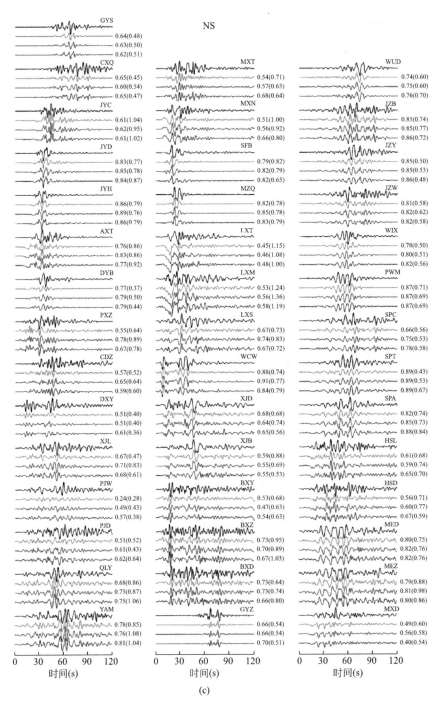

NS

图 5-1　联合远场和近场记录取远场和近场权重分别为 2.3 和 1.8 时反演结果（三）

（c）三种破裂方式近场三分向合成记录与观测记录对比图，每组图从上到下依次为观测记录

（黑线），方式 1、2 和 3 的合成记录（红色、蓝色和棕色线）

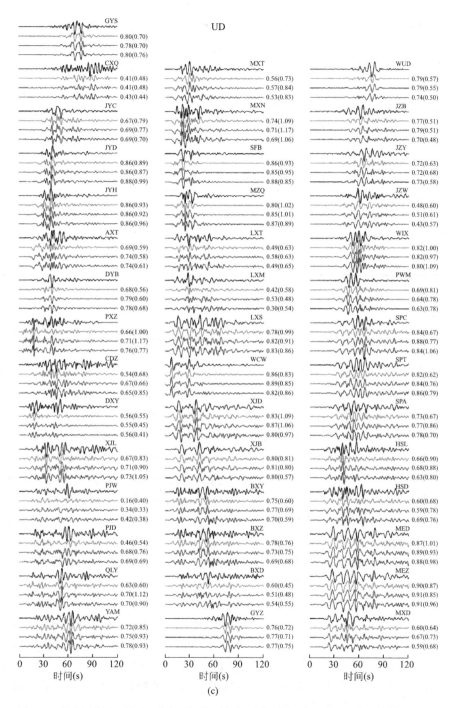

图 5-1　联合远场和近场记录取远场和近场权重分别为 2.3 和 1.8 时反演结果（四）

（c）三种破裂方式近场三分向合成记录与观测记录对比图，每组图从上到下依次为观测记录

（黑线），方式1、2和3的合成记录（红色、蓝色和棕色线）

9.2，近场权重因子为1.1。此时，远场权重因子约为近场的9倍，反演结果更符合单独远场记录的结果，使近场台站合成记录的效果远比单独近场的效果差。考虑本书所用数据的数量，近场记录是远场记录的4倍左右，我们认为反演中近场数据应当占有主要的权重。所以将远场记录的权重因子降低，经过尝试取远场记录和近场记录的权重因子为2.3和1.8，此时联合反演结果既同时满足远场和近场台站的合成记录。三种破裂方式，破裂速度3.0km/s，反演结果如图5-1所示。

三种破裂方式联合远场和近场记录反演结果　　　　　　　　表 5-1

方式	PGF 最大位错 (m)	地震矩 (10^{21} N・m)	BCF1-4 最大位错 (m)	地震矩 (10^{21} N・m)	BCF5 最大位错 (m)	地震矩 (10^{21} N・m)	总地震矩 (10^{21} N・m)	残差近场	残差远场
1	6.9	0.131	10.1	0.329	8.4	0.594	1.054	0.542	0.380
2	7.2	0.134	9.4	0.372	8.3	0.570	1.076	0.510	0.366
3	7.2	0.151	10.9	0.360	7.8	0.567	1.078	0.506	0.377

注：表中远场和近场资料权重分别为2.3和1.8。

从表5-1给出的断层面上最大滑动量和地震矩可以看出，三种破裂方式得到的地震矩为1.054×10^{21} N・m、1.076×10^{21} N・m 和 1.078×10^{21} N・m，与近场记录反演得到的地震矩相近，大于远场记录得到的地震矩。三种方式，北川断层南段上地震矩的大小与远场和近场反演结果相近，但最大滑动量变大。而PGF上，三种方式得到的地震矩比近场记录得到的值小，比远场记录的值大；断层面上最大位错相近。三种方式，BCF5上联合反演得到的地震矩小于近场记录得到的值，但是比远场记录得到的值大。三种方式，联合反演时得到的近场记录波形拟合残差比单独近场记录得到的残差大10%左右；而得到的远场记录波形拟合残差比单独远场记录得到的残差大40%左右。

三种方式断层面上的位错分布清楚地表明：北川断层南段深部低倾角部分BCF3和BCF4以及BCF5上位错分布相近。在BCF3和BCF4上位错集中在，龙门山镇下侧和岳家山到断层东北端区域，在BCF5上位错集中在北川下侧以及南坝以北的区域。而北川断层南段高倾角BCF1和BCF2以及PGF上位错分布显著不同。方式2时，BCF1和BCF2位错几乎分布在清平西南侧10km一直到断层的西南端，方式1和3位错集中在龙门山到岳家山的区域。PGF上，三种方式位错集中在断层的北半段，其中方式3在PGF西南段的位错明显大于方式1和2，且在近地表区域产生较大的位错。

综合以上分析，方式1和3在虹口-映秀近地表区域不产生滑动，方式3在PGF西南段近地表处产生较大的滑动，这都与地表调查结果相悖。而方式2在虹口-映秀近地表处发生滑动，与地表破裂相符。所以方式 2 最好，这一结论与远场或近场记录反演得到的相同。

与单独远场或近场结果相比，三种方式北川断层南段 BCF3 和 BCF4 上龙门山镇下侧凹凸体的面积和错动形式与远场记录得到的凹凸体相似。BCF3 和 BCF4 上从岳家山到断层北端凹凸体的分布和错动形式与近场反演结果相近。三种方式，北川断层南段高倾角区域从岳家山以北 10km 到断层西南端区域的位错分布和错动形式与近场反演结果相近，而岳家山附近的位错的形式与远场结果相似。三种方式，PGF 北半段的位错综合了远场和近场反演的结果。我们注意到，对于 PGF 南半段上，方式 1 和 2 联合反演得到的位错相比近场结果明显降低。联合远场和近场记录能够更好地限定此区域的滑动分布。此外，在 BCF5 上近场记录反演结果显示位错分布非常离散，不易分辨凹凸体。而联合远场和近场结果我们发现，北川下侧出现了滑动集中的区域，错动形式与远场反演结果相似。相比近场记录反演结果，联合反演结果提高了对 BCF5 北川附近位错分布的识别能力，但北川以北区域仍不宜识别出凹凸体的位置。

与单独近场时台站合成记录相比，联合反演时近场台站的合成记录变化最大的位于，BCF4 上盘区域的 51LXT、51LXM、51LXS、51MXN 和 51MXT 以及 BCF5 下盘区域的 51DYB、51AXT、51JYH、51JYD 和 51JYC，联合反演时这些台站的合成记录明显变差。相比单独近场记录的反演结果，联合反演时在 BCF3 和 BCF4 的龙门山镇下发产生位错较大的凹凸体，破裂了此区域相邻的 51LXT、51LXM 和 51LXS 等台站的合成记录。在岳家山近地表处和北川下侧的凹凸体破坏了 51DYB、51AXT 和 51JYH 等台站的合成记录。

5.1.2　方式 2 结果分析

方式 2 联合反演得到的位错分布表明，北川断层南段滑动集中在四个区域。第一个区域在龙门山镇下方低倾角区域，在 BCF4 南侧以走滑错动为主，往北侧和浅部地区以逆冲错动为主。第二个区域在映秀到虹口的高倾角区域，以倾滑错动为主。第三个区域在岳家山近地表处，为走滑兼逆冲错动。第四个区域在岳家山以北断层深部区域，为走滑兼逆冲错动。释放的地震矩为 0.372×10^{21} N·m，占总地震矩的 35%。对于高倾角区域，联合反演的滑动分布区域比单独远场时小得多；且降低了单独近场结果时的离散性。对于此区域联合反演的分辨率要高于单独远场和近场的结果。

PGF 滑动集中在白鹿下方断层底部区域和白鹿两侧近地表区域。总体以逆冲错动为主。释放的地震矩为 0.134×10^{21} N·m，占总地震矩的 12%。

BCF5 滑动集中在北川下侧和南坝以北区域。北川下侧以逆冲错动为主。释放的地震矩为 0.570×10^{21} N·m，占总地震矩的 53%。

5.2 联合远场资料、近场资料、GPS 资料和同震位移反演结果

5.2.1 三种破裂方式结果对比分析

5.1 节分析表明：联合远场和近场记录反演断层破裂过程时，虽然提高了对断层部分区域滑动分布的识别能力，但北川断层北段仍不宜识别出凹凸体的位置。为了得到断层面更可靠的滑动分布，在此联合远场、近场、GPS 和同震位移数据反演破裂过程。此时方程的个数为 108343 个，构建式（2-5）的反演方程。为了保证不同数据在反演中占有相同的权重，权重因子的计算方法与 5.1 节相同。但由于 GPS 格林函数组成的矩阵中，元素的个数远小于远场或近场记录格林函数的矩阵（GPS 格林函数，子断层在台站的响应为 1 个值，而地震记录对应一条时程）。要使 GPS 资料与地震记录反演中占有相同的权重，需乘以很大的权重因子。GPS 反演结果控制断层浅部的滑动。对近场记录来说，断层浅部的滑动影响其临近台站的合成记录。所以，满足 GPS 资料的同时可能会降低近场记录的符合程度。为了得到合适的权重因子，经过尝试取远场、近场和 GPS 权重分别为 2.3、1.2 和 260。反演结果如图 5-2 和表 5-2 所示。

三种破裂方式得到的地震矩为 $1.061 \times 10^{21} \mathrm{N \cdot m}$、$1.058 \times 10^{21} \mathrm{N \cdot m}$ 和 $1.039 \times 10^{21} \mathrm{N \cdot m}$（表 5-2）。相比于联合远场和近场记录得到的结果，加入 GPS 和地表破裂资料三种方式北川断层面上地震矩变化较大，北川断层南段地震矩增大约 37%，北川断层北段地震矩减小约 26%。得到三种方式近场记录波形拟合残差比单独近场记录得到的残差大 59% 左右。远场记录波形拟合残差比单独远场记录得到的残差大 48% 左右，GPS 记录合成效果与单独 GPS 资料反演时相近。

三种方式断层面上的位错分布与联合远场和近场记录得到的结果有较大差异，尤其是 BCF5 上的位错分布差异很大。联合反演中加入 GPS 资料，得到断层浅部映秀-虹口、岳家山-清平和北川附近以及南坝附近区域的位错与单独 GPS 反演结果相近。GPS 反演时与破裂的时间过程无关，只与位错发生的位置有关。所以反演中加入 GPS 资料，为了满足 GPS 的合成记录位错发生的位置不允许改变。这说明 GPS 资料能限定断层浅部区域的位错。北川断层南段龙门山下侧断层深部区域的位错符合远场记录反演结果，说明远场记录能限定北川断层南段深部区域的位错。BCF5 上的位错分布符合 GPS 资料反演结果，可以明显识别出北川和南坝附近的凹凸体，加入 GPS 资料对限定 BCF5 上的位错分布起到关键作用。

三种破裂方式联合远场、近场、GPS和同震位移资料反演结果　表 5-2

方式	PGF 最大位错 (m)	地震矩 (10^{21}N·m)	BCF1-4 最大位错 (m)	地震矩 (10^{21}N·m)	BCF5 最大位错 (m)	地震矩 (10^{21}N·m)	总地震矩 (10^{21}N·m)	残差近场	残差远场
1	9.6	0.138	13.3	0.497	10.0	0.426	1.061	0.774	0.412
2	9.4	0.143	11.8	0.491	10.1	0.424	1.058	0.739	0.384
3	12.0	0.156	13.8	0.458	9.9	0.425	1.039	0.731	0.386

注：表中远场、近场和GPS资料权重分别为2.3、1.2和260。

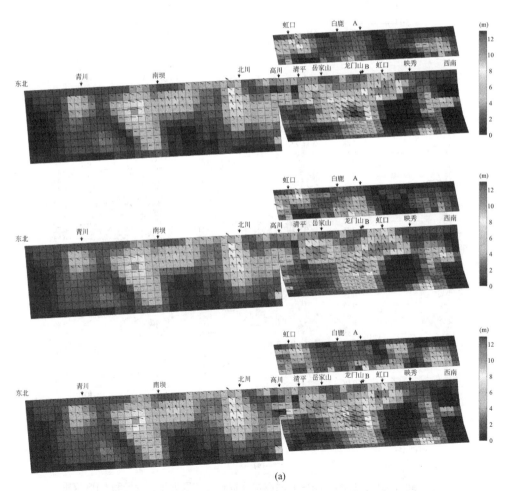

(a)

图 5-2　联合远场、近场、GPS和同震位移资料反演取远场、近场和GPS权重
分别为2.3、1.2和260时反演结果（一）

（a）三种破裂方式位错分布图

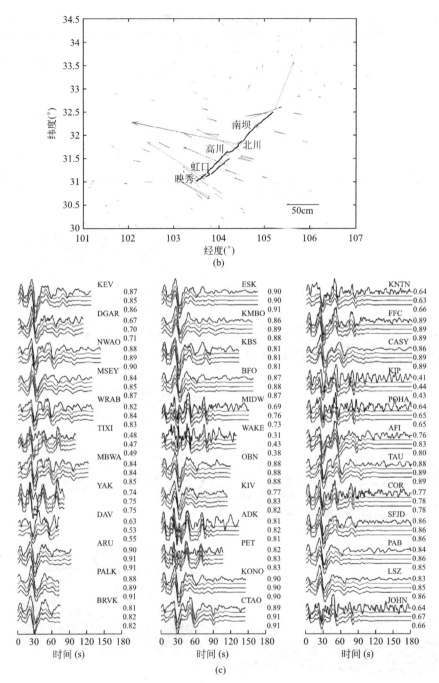

图 5-2　联合远场、近场、GPS 和同震位移资料反演取远场、近场和 GPS 权重
分别为 2.3、1.2 和 260 时反演结果（二）

（b）破裂方式 2 合成 GPS 记录与观测记录对比图，蓝色线表示观测记录，红色线表示合成记录，三种方
式 GPS 合成记录相似，在此只给出方式 2 的结果；（c）三种破裂方式远场合成记录与观测记录对比图

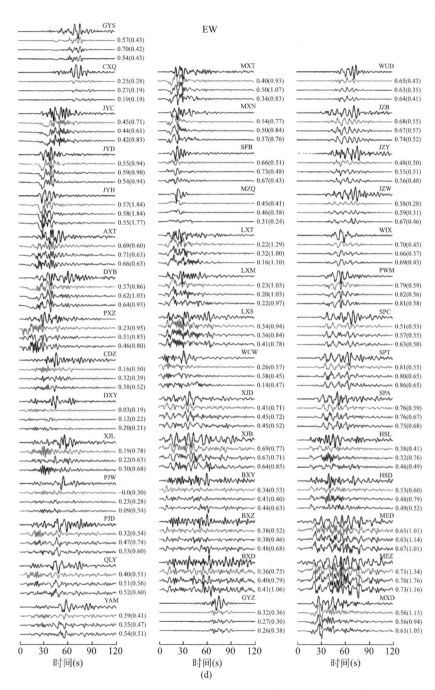

图 5-2　联合远场、近场、GPS 和同震位移资料反演取远场、近场和 GPS 权重
分别为 2.3、1.2 和 260 时反演结果（三）

（d）三种破裂方式近场三分向合成记录与观测记录对比图；图（a）、（c）和（d）各图的
含义中与图 5-1 相同

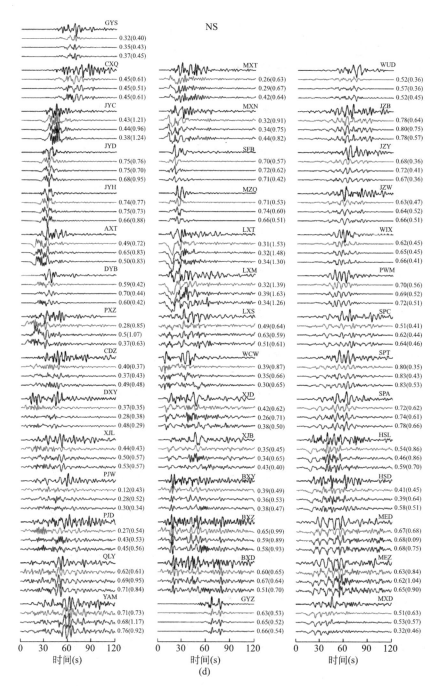

图 5-2 联合远场、近场、GPS 和同震位移资料反演取远场、近场和 GPS 权重
分别为 2.3、1.2 和 260 时反演结果（四）

（d）三种破裂方式近场三分向合成记录与观测记录对比；图（a）、（c）和（d）各图的
含义中与图 5-1 相同

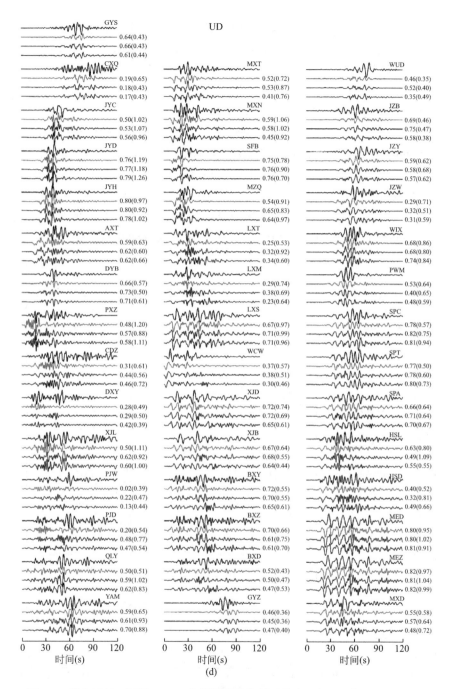

图 5-2　联合远场、近场、GPS 和同震位移资料反演取远场、近场和 GPS 权重
分别为 2.3、1.2 和 260 时反演结果（五）

（d）三种破裂方式近场三分向合成记录与观测记录对比图；图（a）、（c）和（d）各图的
含义中与图 5-1 相同

从合成记录的效果来看，与联合远场和近场资料反演结果相似，相比于单独近场合成记录的效果，BCF4 上盘区域的 51LXT、51LXM 和 51LXS 等台站和 BCF5 下盘区域的 51DYB、51AXT 等 51JYH 等台站合成记录明显变差。此外联合反演得到初始破裂点周边的位错集中在初始破裂点的南侧，符合 GPS 反演结果，使得远场和近场记录开始的小波包合成记录的效果变差。

对于方式 1 和 3，联合反演时得到映秀-虹口区域有较大的位错产生，根据单独远场或近场反演结果的分析，此区域破裂到时 5～14s，从对合成记录的贡献来看不允许产生较大的位错。图 5-3 为此区域在远场和近场 51WCW、51PXZ 和 51CDZ 的合成记录。对应远场合成记录大约在 13～38s，但合成记录的波形与观测记录反向，尤其在 23s 和 32s 观测记录幅值最大处表现非常明显，如图 5-3 (a) 中黑色直线所示。说明北川断层南段单侧破裂映秀到龙门山区域位错在远场

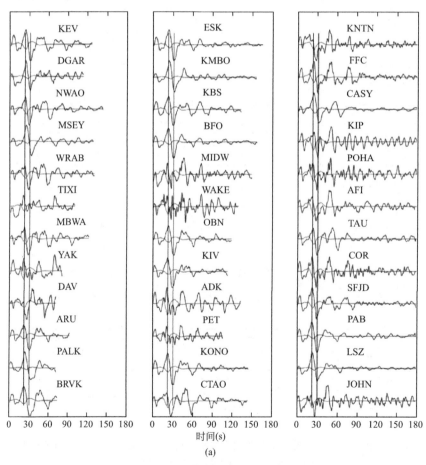

图 5-3　虹口-映秀区域位错的合成记录（一）

（a）方式 1 和 3 北川断层高倾角虹口-映秀区域位错对应远场合成记录

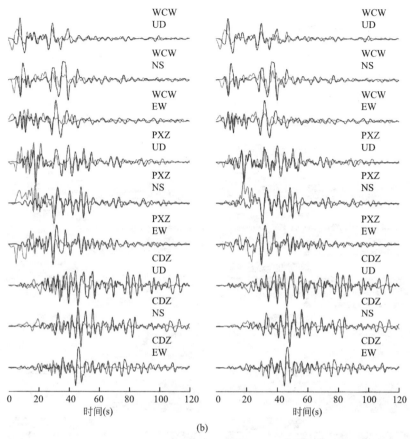

图 5-3　虹口-映秀区域位错的合成记录（二）

（b）近场 51WCW、51PXZ 和 51CDZ 的合成记录

台站的合成与观测记录矛盾，对合成记录的第 2 个波段起破坏作用。为了抵消此区域的合成记录，方式 1 和 3 相比于单独远场记录反演结果，龙门山镇下侧低倾角区域（BCF3 和 BCF4）产生了更大的位错，同时彭灌断层上的位错也相应较小。但从合成记录的效果来看，映秀-虹口区域的位错导致方式 1 部分台站第 2 个波段的合成记录比方式 2 差，波形拟合残差大 7%。从此区域对应近场台站的合成记录来看，单侧破裂时合成记录对应西南侧台站第 2 个波包之前的记录，在 PXZ 台站的 20s 之前产生远大于观测记录的幅值。双侧破裂时对应西南侧台站第 2 个波包的记录。所以方式 2 时 51WCW、51PXZ 和 51CDZ 台站第 2 个波包合成记录的幅值比方式 1 大，更符合观测记录。但相比于 Hartzell 等（2013）的断层模型，本书北川断层发生双侧破裂的区域仅限于高倾角的 BCF1 和 BCF2（沿倾向 12km）。所以对西南侧台站合成记录的影响范围有限，且单侧和双侧破裂第 2 个波包合成记录差别要小。

5.2.2　方式2结果分析

由5.2.1节的分析可知，方式1和3在虹口-映秀区域产生的位错使此区域近地表子断层产生相应位错符合同震位移，但对远场或近场合成记录起到破裂作用。所以本书以方式2联合反演结果作为最终结果位错分布见图5-2（a）中间图。图5-4给出了汶川地震时间间隔4s的破裂过程和地震矩释放率函数。

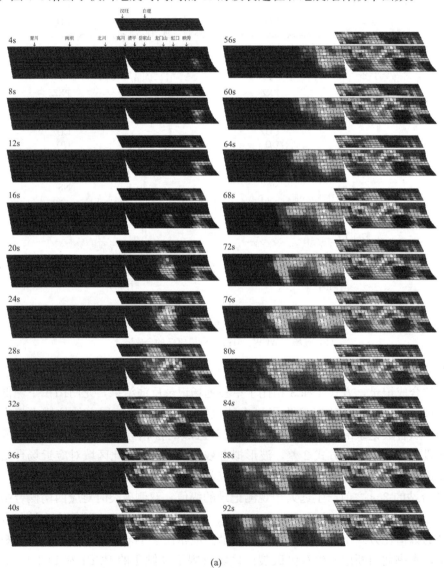

(a)

图5-4　方式2联合反演结果（一）

（a）方式2联合远场、近场、GPS和同震位移得到的汶川地震破裂过程图，时间间隔4s

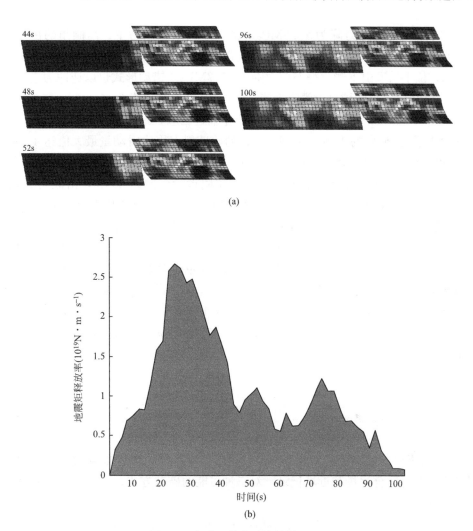

图 5-4　方式 2 联合反演结果（二）

（a）方式 2 联合远场、近场、GPS 和同震位移得到的汶川地震破裂过程图，时间间隔 4s；

（b）地震矩释放率函数

方式 2 联合远场、近场、GPS 和同震位移资料反演得到的地震矩为 1.058×10^{21} N・m，整个破裂持续时间约 100s，得到断层面上有 5 个凹凸体。北川断层南段、北川断层北段和彭灌断层地震矩分别为 0.491×10^{21} N・m、0.424×10^{21} N・m 和 0.143×10^{21} N・m，占总地震矩的 46%、40% 和 14%。北川断层南段，滑动集中在龙门山镇下方低倾角区域，分布在沿走向 35km 沿倾向 24km 的范围内，最大滑动量 11.0m，静态应力降为 15.0MPa。此区域滑动类型与远场记录反演结果相近，在南北以走滑错动为主，在北侧为逆冲错动为主。在高倾角区域集中在龙门山-映秀区域，沿走向约 35km，沿倾向 12km，最大滑动量达 12.0m，位

95

于虹口下侧，静态应力降为 23.6MPa，错动形式以逆冲为主。高倾角的岳家山到清平区域也有较大位错产生，范围沿走向 30km，沿倾向 12km，最大滑动量达 11.7m，位于岳家山下侧，静态应力降为 25.7MPa，错动形式也以逆冲为主。断层上 51SFB 台周边区域最大滑动速率 74cm/s，平均滑动速率 60cm/s，与该台水平向 PGV 的 80cm/s 相当。断层上 51MZQ 临近区域，最大滑动速率达 85cm/s，与该台水平向 PGV 的 100cm/s 相当。在初始破裂点周边滑动量最大值达 4.0m，以逆冲错动为主，此区域平均滑动速度为 56cm/s，与 51WCW 台水平向 PGV 的 46cm/s 相当。北川断层北段滑动集中在北川附近沿走向约 30km，沿倾向 21km 的范围内，滑动量最大值为 10.0m，位于北川近地表处，静态应力降为 13.2MPa，以逆冲错动为主。北川以北的区域，滑动集中在南坝附近，分布在沿走向 55km，沿倾向 21km 的范围内，最大滑动量 10.0m，位于南坝北侧 20km 沿倾向 12km 处，静态应力降为 13.2MPa，在南坝南侧以逆冲错动为主，在南坝南侧转变为走滑错动为主。在彭灌断层上滑动集中在白鹿下侧，沿走向 30km，沿倾向 12km 的范围内，最大滑动量 9.4m，静态应力降为 17.5MPa，以逆冲错动为主。在彭灌断层东北段近地表处也有滑动产生，最大值 8m，位于虹口下侧，以逆冲错动为主。

5.3 结论

1) 由于单一数据存在分辨率不足的缺陷，本章联合多种数据给出了震源破裂过程。首先联合远场和近场记录，对三种可能的破裂方式，给出了断层破裂过程，得到：

(1) 联合反演结果表明，北川断层高倾角区域发生双侧破裂，虹口-映秀区域发生与地表破裂吻合的位错，这与单独远场或近场记录反演结果相同。

(2) 联合反演提高了对北川断层南段高倾角区域滑动分布的识别能力，可以限制 PGF 南半段的滑动分布，而近场记录反演是不能限制此区域的滑动。且反演结果对北川附近滑动的限定能力要优于单独远场或者近场的结果，但不能分辨北川以北的位错。

2) GPS 数据能很好地限定断层浅部区域的滑动，且不加入同震位移的限定往往高估近地表区域的位错，所以我们联合远场、近场、GPS 和同震位移数据反演了震源破裂过程，得到：

(1) 反演中加入 GPS 资料的优势在于控制断层浅部区域的和北川断层北段的滑动分布，北川断层深部龙门山下侧区域的位错受远场资料的控制。

(2) 联合反演结果表明，断层面上位错集中的区域为，北川断层南段龙门山镇下方低倾角区域、虹口-映秀近地表以及岳家山-清平近地表区域，PGF 白鹿下方断层底部区域，北川断层南段北川附近和南坝到青川的区域。整个过程释放地震矩 1.058×10^{21} N·m，破裂持续时间 100s 左右。且滑动主要发生在北川断层上，北川断层南段总体以逆冲错动为主，在北川附近仍以逆冲位错，往北到南坝以北的区域转变为走滑错动为主。

■第6章■

结构抗震输入近场地震动模拟

本章反演汶川地震高频辐射区域时参考 Yamada and Heaton（2008）的方法。其把断层取为一维线源模型，将断层面沿走向均匀划分为若干个子断层，所有子断层用大小相同的小地震表示，规定每个子断层只包含一个小地震。小地震在台站产生的包络不用理论方法或经验方法求得，而是用统计的包络衰减关系求得。由包络反演方法求得了 1997 年我国台湾集集地震断层面的长度和破裂方向。此种方法不能分析断层面上高频辐射特点，但是可以求得近场任意场点的加速度包络。

我们将断层面取为一维线源模型，在此做如下修改，假设用子断层小地震个数的多少来表示子断层高频辐射的强弱。子断层产生的包络通过芦山地震加速度包络衰减关系求得。利用包络反演方法得到汶川地震断层面高频辐射区域。

具体做法为：将断层划分为一系列子断层，假设每个子断层可以发生 w_i 次小地震。w_i 多少对应子断层高频地震波辐射的强弱，为待反演的量。当破裂到达子断层时，子断层内的小地震按照一定的时间间隔依次破裂辐射地震波，相邻小震的破裂延时为 Δt。台站的合成包络可用所有小震产生包络平方和的平方根表示，如式（6-1）所示。

$$E(R，t) = \sqrt{\sum_{i=1}^{N} \sum_{j=1}^{w_i} E_{ij}^2(R，t-t_{ij})} \tag{6-1}$$

式中　E——台站合成包络；

　　　E_{ij}——第 i 个子断层中第 j 次小地震产生的包络；

　　　N——子断层的个数；

　　　t_{ij}——以发震时刻为参考，第 i 个子断层中第 j 次小地震产生的 P 波传到台站的时刻，等于第 i 个子断层的破裂到时 ξ_i/v_r、第 i 个子断层中第 j 次小地震的破裂延时 $(j-1)\Delta t$ 和第 i 个子断层到台站的 P 波传播时间 R/v_p 之和，如式（6-2）所示。

$$t_{ij} = \xi_i/v_r + (j-1)\Delta t + R/v_p \tag{6-2}$$

式中　ξ_i——第 i 个子断层到初始破裂点的距离；

　　　v_r——破裂速度；

　　　R——第 i 个子断层到台站的距离；

v_p——地下介质的 P 波传播速度。

选择断层附近的台站，由加速度记录计算其观测包络。由式（3-1）和式（3-2）求出合成包络后，取目标函数如式（6-3）所示。

$$RSS = \sum_{i=1}^{n}\sum_{j=1}^{2}(AO_{ij} - AS_{ij})^2/M_{ij\max}^2 \qquad (6-3)$$

式中　AO_{ij}、AS_{ij}——第 i 个台站第 j 个分量的观测包络和合成包络，本书取东西和南北分量；

　　　　n——台站总数；

　　　　$M_{ij\max}$——第 i 个台站 j 分量观测包络的最大值。本书采用效率较高的差分进化算法在目标函数取最小的情况下，反演子断层包含子震的分布 w_i。

子断层在台站产生的包络通过芦山地震加速度包络衰减关系得到。芦山地震和汶川地震都发生在龙门山断裂带上，采用芦山地震加速度包络衰减关系，包含了与汶川地震相近的传播介质影响，且芦山地震获得的强震记录相对较多，记录分布范围较广，便于统计衰减关系。

6.1　芦山地震包络函数及包络衰减关系

统计分析表明，强地震动时程大致由三段组成，第一段由弱到强的上升段，第二段相对平稳的强振动持续段，第三段由强到弱的衰减段。模拟地震动一般由平稳随机过程和一个随时间变化的强度包络函数构成。工程中常用的人工合成地震记录也是用强度包络函数来描述地震记录的非平稳过程（霍俊荣，1989）。三段式包络函数模型如式（6-4）所示。

$$f(t) = \begin{cases} I_0(t/t_1)^2 & t \leqslant t_1 \\ I_0 & t_1 < t \leqslant t_2 \\ I_0 e^{-c(t-t_2)} & t > t_2 \end{cases} \qquad (6-4)$$

式中　I_0——平台段强度幅值；

　　　　t_1——上升段和平稳段的分界点；

　　　　t_2——平稳段与下降段的分界点；

　　　　t_s——强震平稳段的长度，$t_s = t_2 - t_1$；

　　　　C——衰减系数。

图 6-1 为包络示意图。首先统计芦山地震加速度包络衰减关系。芦山地震发生后获得了大量的主震记录（温瑞智等，2013；任

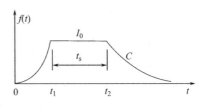

图 6-1　包络函数模型示意图

叶飞等，2014）。我们选取质量较好的 43 个台站水平向加速度记录，高通滤波
（大于 1Hz）后统计包络衰减关系。台站位置及震中距见表 6-1。

芦山地震 43 个台站位置及震中距			表 6-1
台站代码	经度(°N)	纬度(°N)	震中距(km)
51BXD	102.8	30.3	16.5
51BXZ	102.8	30.4	21.8
51BXM	102.7	30.3	25.7
51BXY	102.9	30.5	27.8
51YAM	103.1	30.0	28.1
51LSF	102.9	30.0	29.8
51QLY	103.2	30.4	32.9
51YAD	103.0	29.9	34.2
51HYT	103.3	29.9	58.1
51PJW	103.6	30.3	67.1
51KDZ	102.1	30.1	77.1
51XJW	102.6	30.9	81.4
51HYQ	102.6	29.5	84.8
51HYY	102.4	29.6	86.0
51XJD	102.3	31.0	97.6
51LDJ	102.2	29.6	98.1
51KDT	101.9	30.0	99.1
51DJZ	103.5	31.0	102.3
51PXZ	103.7	30.9	103.7
51CDZ	104.0	30.5	113.4
51HYW	102.9	29.2	118.2
51KDG	101.5	29.9	137.7
51DFB	101.4	30.4	142.9
51KDX	101.5	30.0	143.1
51GLQ	102.7	28.9	147.8
51SFB	104.0	31.2	149.1
51MNW	102.2	28.8	177.1
51HSS	103.4	31.9	190.0
51MNC	102.2	28.6	195.3
51MNA	102.1	28.6	201.2

台站代码	经度(°N)	纬度(°N)	震中距(km)
51MNJ	102.1	28.5	207.2
51MNT	102.1	28.5	208.3
51MNH	102.0	28.4	220.7
51LBH	103.7	28.4	220.9
51JYH	104.6	31.7	228.6
51LBD	103.5	28.2	232.8
51MNL	102.1	28.2	233.9
51JYT	104.7	31.7	238.4
51MNM	102.1	28.2	243.8
51MNZ	102.0	28.2	246.8
51JYW	104.7	31.8	248.8
51XCY	102.1	27.7	293.8
51YYJ	101.9	27.7	301.9

对选取的加速度记录做基线调整后，每 0.1s 间隔内取绝对值的最大值作为该段的包络值，得到加速度观测包络曲线。利用三段式包络函数式（6-4）来拟合包络曲线，得到包络参数 t_1、t_2、I_0 和 C。具体做法，首先规定强震平稳段的能量占整条地震记录能量的 70%，即 $E(t_1)=0.1E(\infty)$，$E(t_1)=\int_0^{t_1}a^2(t)\mathrm{d}t$，$E(t_2)=0.8E(\infty)$，$E(t_2)=\int_0^{t_2}a^2(t)\mathrm{d}t$，其中 $E(\infty)$ 表示地震记录的总能量，由此确定 t_1 和 t_2，取目标函数如式（6-5）所示，利用差分进化算法，在目标函数最小原则下，求得最优的 I_0、C 的值。

$$RSS=\sum_{i=1}^{T}(f_i(I_0,\ c)-F_i)^2 \tag{6-5}$$

式中，T 为观测包络总点数，间隔 $\mathrm{d}t$ 为 0.1s；$f_i(I_0,\ c)$ 和 F_i 分别表示三段式包络和观测包络在 $i\times\mathrm{d}t$ 时刻对应的值。

包络参数确定后，就可得到观测记录的三段式包络。逐条记录求出包络参数后，按照式（6-6），采用最小二乘法分别拟合东西和南北向的包络参数与震中距 R 的关系。

$$\log Y=C_1+C_2M+C_3\log(R+R_0)+\varepsilon \tag{6-6}$$

式中，Y 表示包络参数 t_1、I_0、t_s 和 C；M 表示震级，取 6.6（与芦山地震震级相当）；R 表示震中距；ε 表示偏差。R_0 是与震级相关的近场距离饱和因子（霍俊荣，1989），取 10km，回归系数为 C_1、C_2 和 C_3，回归结果如表 6-2 所示。

包络衰减关系的回归系数   表 6-2

方向	参数	C_1	C_2	C_3	R_0	ε
东西	t_1	−1.836	0.234	0.674	10.000	0.176
	I_0	−0.257	0.752	−1.721	10.000	0.247
	t_s	−2.036	0.295	0.573	10.000	0.137
	C	1.361	−0.221	−0.488	10.000	0.107
南北	t_1	−1.303	0.145	0.730	10.000	0.101
	I_0	−0.396	0.716	−1.523	10.000	0.211
	t_s	−2.073	0.334	0.439	10.000	0.129
	C	1.321	−0.242	−0.405	10.000	0.104

　　根据喻烟（2012）给出的台站钻孔信息和中国地震局震害防御司（2008）给出的台站场地条件，芦山地震所用的 43 个台站中，有 3 个基岩台站，32 个土层台站，属于Ⅱ类场地，8 个台站场地条件未知。为了使统计结果更准确，选取了基岩和场地条件未知的台站，但是大部分台站位于Ⅱ类场地，得到的结果可以反映Ⅱ类场地上台站加速度包络衰减趋势。霍俊荣（1989）选取美国西部水平向强震资料，分土层和基岩台站统计了包络衰减关系，肖亮（2011）统计了美国西部基岩场地水平向地震动的包络衰减关系。本书得到的结果与霍俊荣、肖亮的对比如图 6-2 所示。

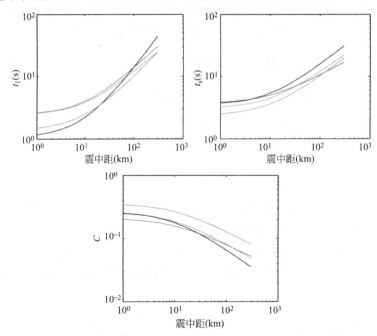

图 6-2　震中距与包络参数 t_1、t_s 和 C 的关系与霍俊荣（1989）、肖亮（2011）相应结果的对比图，黑色表示霍俊荣的结果，褐色表示肖亮的结果，红色表示本书南北向结果，蓝色表示本书东西向结果

为了计算的需要，分东西和南北向记录进行分析。从图 6-2 中变化趋势看，不同研究结果基本一致。上升段参数 t_1 随震中距的增加而增加；100km 内，东西和南北向结果与霍俊荣、肖亮结果接近，差别较小；大于 100km，随距离的增加，东西和南北向增长比霍俊荣的慢。平台段长度 t_s 随震中距的增加而变大；东西向结果随距离的变化与霍俊荣、肖亮的基本相同；南北向结果基本位于霍俊荣与肖亮的结果之间。衰减系数 C 随震中距的增大而减小；东西向的值小于肖亮的结果，两者变化率基本相同；南北向的结果接近霍俊荣的结果。本书得到的衰减关系，同一参数不同分量的变化趋势相同，幅值也接近。综合以上分析，相对于霍俊荣、肖亮的研究，本书是针对具体地震的包络进行统计，虽然数据量偏少，但是得到的参数变化趋势相同。

6.2 汶川地震断层面高频辐射分布

6.2.1 断层模型及近场记录选取

取汶川地震震中位置，经度 103.364°E，纬度 30.986°N（USGS）。根据 USGS 的震源机制解，建立断层模型。走向为 229°，长度 405km，其中震中东北向 337.5km，西南向 67.5km。为简化反演，不考虑断层的倾向，如图 6-3 所示，将断层取为线源模型。沿走向将断层均匀划分为若干个子断层，相邻子断层间隔为 ΔL，每个子断层包含 w_i 个子震，每个子震相当于一个芦山地震（$M_w 6.6$）。子断层中子震位置相同，相邻子震存在破裂延时 Δt。每个子震在台站产生的包络由上节统计的包络衰减参数（表 6-2）和三段式包络函数（式 6-4）及台站到子断层的距离确定。汶川地震所用台站除 51CXQ 都属于Ⅱ类场地（喻烟，2012）。芦山地震和汶川地震所用大部分台站的场地类别相同。所以此处由芦山地震记录统计得到的加速度包络衰减关系来预测汶川地震台站的包络，包含了传播路径和场地条件的影响。

30 个台站的位置及震中距、断层距和位于断层上下盘的情况如表 6-3 和图 6-3 所示。台站的上下盘位置参考 Li et al（2010）给出的划分方法，未标明上下盘的位于断层破裂前方或后方。51CXQ 属于Ⅰ类场地，位于台站分布相对较少的断层东北段附近，为了限制反演结果，需要此区域尽可能多的台站记录，所以选用 51CXQ 台站。在计算台站的加速度包络之前，首先对记录进行高通滤波（大于 1Hz）处理，然后将记录 P 波到时校正为理论到时。P 波理论到时为 P 波从震源传播到台站的时间，台站所在区域的 P 波速度结构参考赵珠和张润生（1987）给出的四川地区地壳上地幔速度结构。到时校正后，逐秒取加速度绝对值的最大值得到台站的观测包络。

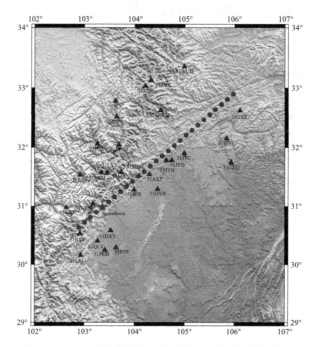

图 6-3　汶川地震线源模型及所用 30 个近场台站分布

汶川地震 30 个台站位置及震中距、断层距　　　　　　　　表 6-3

代码	经度(°E)	纬度(°N)	震中距(km)	断层距(km)	上盘	下盘
51WCW	103.18	31.04	18.0	16.1	是	
51DXY	103.52	30.59	46.9	43.9		是
51LXT	103.45	31.56	64.0	43.6	是	
51LXM	103.34	31.57	64.5	51.4	是	
51QLY	103.27	30.41	65.1	43.4		
51BXY	102.91	30.53	66.4	10.8		
51SFB	103.99	31.28	68.1	14.0		是
51XJD	102.64	30.97	68.7	44.0	是	
51LXS	102.91	31.53	73.7	74.9	是	
51MXN	103.73	31.58	74.4	27.8	是	
51PJW	103.63	30.29	82.0	76.2		是
51PJD	103.41	30.25	82.4	65.9		
51MZQ	104.09	31.52	91.0	0.2		是
51LSJ	102.93	30.16	101.1	49.3		
51AXT	104.30	31.54	108.3	11.2		是

代码	经度(°E)	纬度(°N)	震中距(km)	断层距(km)	上盘	下盘
51DYB	104.46	31.29	109.9	42.5		是
51HSL	103.26	32.06	119.4	98.1	是	
51MXD	103.68	32.04	120.6	70.2	是	
51JYH	104.63	31.78	149.2	11.3		是
51JYD	104.74	31.78	157.7	18.2		是
51SPA	103.64	32.51	171.1	112.6	是	
51JYC	104.99	31.90	184.8	23.6		是
51SPC	103.62	32.78	200.5	136.8	是	
51PWM	104.52	32.62	211.8	67.1	是	
51JZW	104.21	33.03	240.6	121.2	是	
51JZG	104.32	33.12	253.5	122.0	是	
51CXQ	105.93	31.74	257.9	95.8		是
51GYS	105.84	32.15	268.0	55.2		是
62WUD	104.99	33.35	304.0	99.7	是	
51GYZ	106.11	32.62	316.8	31.9		

6.2.2 模型可靠性和数据分辨率分析

建立线源模型后，子断层间隔的选取应考虑模型的可靠性和数据的分辨率。反演结果的可靠性和分辨率受所用记录的数量及台站分布影响，数据量一定的情况下，参数太多，结果的可靠性难以保证（Aguirre and Irikura，2003）。为此我们利用棋盘测试对模型的可靠性和数据的分辨率进行测试。取子断层间隔 ΔL 为 10km、15km 和 20km，分别包含 40、27 和 20 个待反演参数。假设每个子断层最多有 12 个子震。取破裂速度 v_r 为 3.0km/s，相邻子震的破裂延时 Δt 取 1s。对不同的 ΔL，随机给每个子断层分配 0～12 个子震，产生一个震源模型。由式（3-1）求得子震在每个台站产生的包络，进而得到每个台站的合成包络，作为待反演的目标包络。为了测试可靠性，在目标包络上加上白噪声，白噪声最大值为目标包络最大值的 10%。利用本书方法反演有无噪声两种情况子断层包含子震的个数，结果如图 6-4 所示。

从图 6-4 可见，ΔL 取 10km 包含 40 个参数时，两种情况得到的结果与模型差别较大。ΔL 取 15km 包含 27 个参数时，两种情况得到的结果基本相同；与模型相比，除在个别子断层处稍有差异，总体上很好地反映了输入模型。ΔL 取 20km 包含 20 个参数时，两种情况的反演结果与初始模型几乎完全吻合。为了更精细地反演断层的高频辐射分布，本书选择子断层间隔 15km，这一模型反演结果相对稳定且参数较多。模型包含 27 个子断层，其中震中东北侧 23 个子断层（包含震中处子断层），西南侧 4 个子断层。

6.2.3　破裂速度和相邻小震破裂延时的选取

断层破裂速度和相邻小震的破裂延时对反演结果有重要影响。为此，取破裂速度 v_r 分别为 2.6km/s、2.8km/s、3.0km/s 和 3.2km/s，小震的破裂延时 Δt 分别为 0.6s、0.8s、1.0s、1.2s 和 1.4s，共 20 种情况。子断层包含子震的个数 w_i，经过尝试后最多取 12 个。对这 20 种情况，分别求得 w_i，残差结果如表 6-4 所示。取残差最小值作为最终的结果，此时 v_r 为 3.2km/s，Δt 为 1.2s，残差为 224.5。

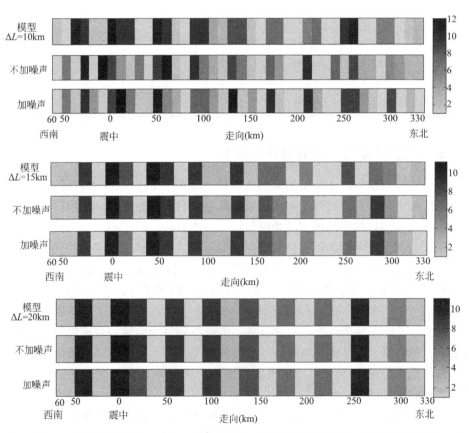

图 6-4　子断层间隔为 10km，15km 和 20km 时，不加噪声与加 10% 噪声得到的子震个数与输入模型对比

采用 **4** 种不同破裂速度和 **5** 种不同时间间隔得到的合成包络与观测包络的残差

表 **6-4**

$V_r(km/s)$ 残差 \ $\Delta t(s)$	0.6	0.8	1.0	1.2	1.4
2.6	257.7	258.1	258.4	257.2	257.8
2.8	243.5	241.9	240.8	241.1	240.2
3.0	239.9	234.4	232.5	229.2	230.2
3.2	239.8	233.1	229.0	224.5	227.3

6.2.4　反演结果分析

确定了破裂速度（v_r 3.2km/s）和相邻小震的间隔（Δt 1.2s）后，反演结果如图 6-5~图 6-7 所示。图 6-5 的残差变化趋势表明，迭代 80 次反演结果就比较稳定，迭代超过 240 次后，残差几乎不再变化。图 6-6 给出了按断层距从小到大排列的 30 个台站合成包络与观测包络的对比，图 6-7 表示子断层包含子震的分布。

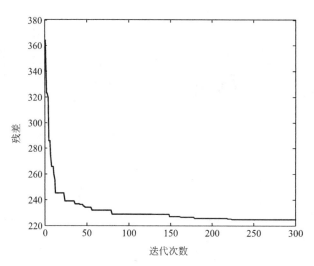

图 6-5　合成包络与观测包络残差对应迭代次数的变化图

首先，我们分析包络的对比结果。从图 6-6 可以看出，断层距小的台站的符合程度明显优于断层距较大的台站。其中，断层距小于 40km 的 10 个台站中，51MZQ、51AXT、51JYH、51SFB、51JYD、51JYC 和 51MXN 合成和观测包络的形状和强度符合最好。台站 51BXY、51WCW 和 51GYZ 离断层也很近，但符合程度较上述 7 个台站差，其原因主要与本书使用的三段式包络模型

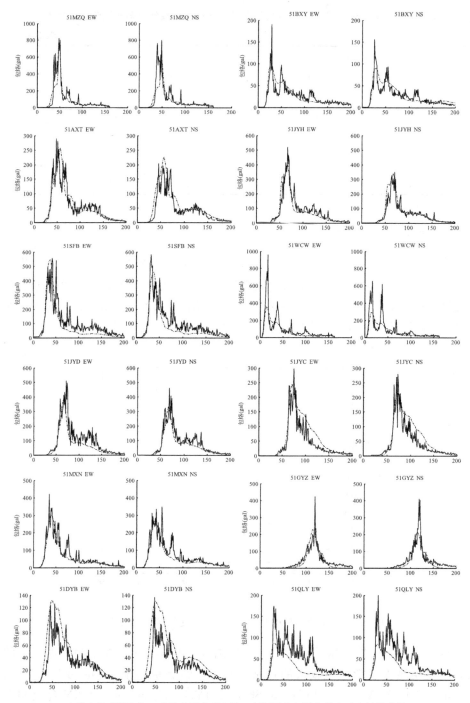

实线表示观测包络，虚线表示合成包络，每幅图的上侧字母表示台站及分量

图 6-6　观测包络与合成包络对比图（一）

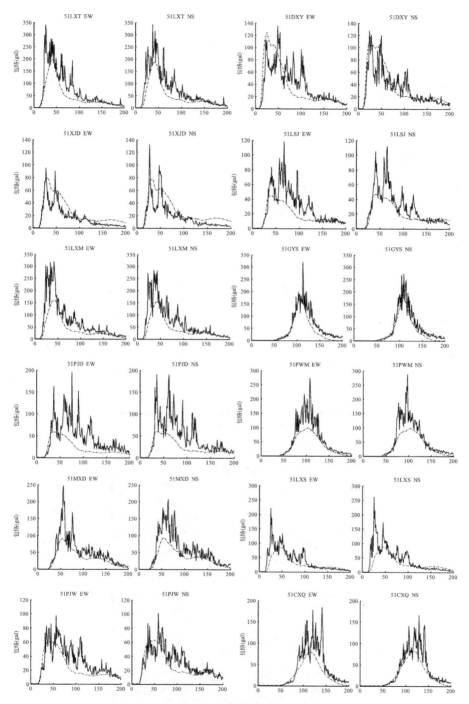

实线表示观测包络，虚线表示合成包络，每幅图的上侧字母表示台站及分量

图 6-6 观测包络与合成包络对比图（二）

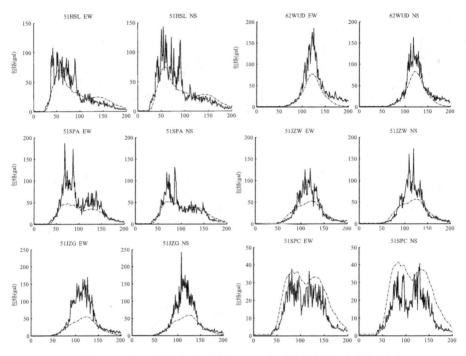

实线表示观测包络，虚线表示合成包络，每幅图的上侧字母表示台站及分量

图 6-6　观测包络与合成包络对比图（三）

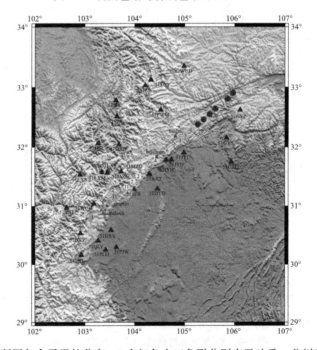

图 6-7　子断层包含子震的分布，3 个红色小三角形分别表示映秀、北川和南坝地区

有关。以 51WCW 东西向结果为例，由包络衰减关系，离该台最近的子断层产生包络的平台段长度最小，为 5.4s，幅值为 163.8gal；而观测包络第 1 个峰的宽度很窄且幅值很大，幅值大于 600gal 的持续时间仅 5s 左右。根据最优反演下的 v_r 为 3.2km/s，间隔 15km 的相邻子断层破裂延迟 4.7s，产生包络叠加后平台段宽度将达 10s。因此要满足观测包络的峰值，只能由同一子断层上的小震产生的包络叠加。如果相邻小震没有破裂延时，且数量够多，可叠加出上述峰值。但由 6.2.3 节中的分析得到 Δt 为 1.2s，由式（6-1）要叠加出 600gal 的峰值，持续时间会比 5s 大得多；如果持续时间在 5s 左右，幅值就比 600gal 小得多，使得最终的合成包络叠加不出大而窄的峰值。断层距在 40～60km 的 8 个台站中，51DYB、51DXY 和 51GYS 的符合结果较好，其他 5 个台站的结果稍差一些。断层距大于 60km 的 12 个台站，除了 51SPC 台站外，其他台站的合成包络都小于观测包络，差别较大。

相对于近断层台站，离断层远的台站合成结果差别大，这主要由反演中断层距小的台站加速度包络强度大，权系数大造成。式（6-3）残差的取法优先满足包络强度大的台站。尽管对记录进行归一化可以使各台站的权系数接近，提高断层距较大台站的符合程度。但我们认为，由于高频地震动衰减很快，近断层的台站包含更多的震源高频信息，而远离断层台站的高频地震动受介质影响较大。本书采用原始加速度记录包络作为反演数据能更好地反应震源的高频辐射特征。

汶川地震发震断层为倾角约 33°的逆冲断层，导致断层距相近的上盘台站地震动强度大于下盘，上下盘地震动差异很大，产生明显的上盘效应（Liu 等，2009；Li 等，2010；邵志刚等，2014）。从图 6-6 给出的观测记录的包络可以看出，断层距小于 50km 时，断层距相近时，上盘包络强度明显大于下盘。从合成包络看，靠近断层位于下盘的台站合成包络高于或接近观测包络，位于上盘的合成包络则低于观测包络。其原因主要是本书采的线源模型不能反映上盘效应所致。比较明显的例子是台站 51DYB 和 51LXT，两者分别位于断层下盘和上盘几乎对称的位置，断层距分别为 42.5km 和 43.6km，但两者东西和南北向 PGA 分别为 126.3gal、136.3gal 和 339.7gal、342.4gal，相差近 3 倍，观测包络差别也很大，而合成包络几乎没有差别。要提高反演中的拟合程度，反应上下盘地震动的差异，则需引入更符合真实发震断层的面源模型。

大部分台站所在区域地形有一定的变化，对高频地震动可能有较大的影响，但是对加速度包络的影响还不清楚。以往的研究表明地形对高频地震动的影响很复杂（唐晖等，2012）。震源、传播介质和场地条件等因素都可能影响反演结果。本书选取线源模型，为了简化分析，不考虑地形的影响。而汶川地震某些台站的记录可能受局部场地地形的影响较大。如 51PJW 和 51PJD 两个台站相邻，断层距接近，两者东西向和南北向 PGA 分别为 97.7gal、101.2gal 和 195.8gal、

190.3gal，差 2 倍左右，观测包络差别很大，而本书利用简单的包络衰减关系得到的合成包络差别则很少。从图 6-6 中还可看出，由三段式包络模型得到的合成包络都比较平滑，不能反映观测包络的局部剧烈变化，这也是三段式包络模型的一个缺陷。

从图 6-7 给出的断层面子震的分布 w_i 可见：断层面的高频辐射分布极不均匀。最多子震数为 11 个，对应区域的高频辐射很强，而 1/3 的子断层包含的子震数为 0，表明这些区域不辐射高频地震波或辐射极弱。总体上看，西南段子震个数明显多于东北段，这与杜海林等（2009）、Zhang 和 Ge（2010）得到的汶川地震断层西南段高频能量辐射比东北段大体一致。

映秀位于震中东北侧第 1 个子断层处，其与邻近绿色子断层包含子震的个数分别为 1 个、5 个和 11 个，说明映秀附近高频辐射很强。北川地区临近的粉色子断层包含 4 个子震，表明北川地区高频辐射相对较强。南坝附近蓝绿色子断层包含 1 个和 3 个子震，此区域也有高频辐射产生。震源破裂过程反演显示（张勇等，2008；王卫民等，2008；赵翠萍等，2009；Nakamura 等，2010；Hartzell 等，2013），映秀和北川地区滑动量最大，并且破裂贯穿到地表。震后地表破裂调查（徐锡伟等，2008）表明映秀、北川和南坝均产生了较大范围内的地表破裂。结合低频反演结果，本书研究表明，破裂贯穿到地表的映秀、北川和南坝地区是高频和低频辐射都强的区域。Hanks（1974）研究圣弗尔南多地震断裂机制，Kakehi 等（1996）研究 1995 年日本 Hyogo-ken Nanbu 地震高频辐射分布时都发现，断层破裂到地表的区域高频辐射较强。Mikumo 等（1987）利用数值模拟研究断层破裂动态过程时发现，当断层破裂到地表时，断层位移也增强，对应着低频辐射也较强。综合上述研究表明断层破裂到地表的区域是高低频辐射较强的区域。

震中西南侧 30km 绿色子断层包含 1 个子震，此处有一定的高频辐射产生；震中东北侧 60~90km 黄色子断层包含 11、2 和 2 个子震；北川东北侧粉红色子断层包含 6 个子震；南坝东北侧第 2 个蓝绿色子断层包含 6 个子震。说明这些区域也是高频辐射强的区域。这些区域处在断层面上大滑动区域（凹凸体）映秀、北川和南坝的周边，Zeng 等（1993）、Kakehi 和 Irikura（1996）和 Nakahara（2013）的研究显示，凹凸体的周边往往是高频辐射较强的区域。断层东北端紫色子断层包含 4 个和 2 个地震，说明此区域也有高频辐射分布。该区域处于断层破裂的边缘，可能由于破裂停止产生了高频辐射。

南坝东北侧第 3 个到第 6 个褐色子断层分别包含 6、6、9 和 3 个子震，此处可能是高频辐射较强的区域。但这一区域子震的分布是否真实地反映了断层面上高频辐射的强弱，还需要进一步的研究。主要原因是相比于断层其他段，此区域近断层台站太少，最近 51GYS 台的断层距为 55.2km，不能很好地限制反演结果。从模型可靠性分析也可看出，子断层取 15km 时，这一区域反演结果与设定的模型参数有一定差异。因此，这一区域的反演结果不一定能准确反映断层面上高频辐射强弱。要分析此区域高频辐射的情况需要更多的近断层台站记录。

从本书反演的高频辐射分布看，除了在地表破裂较大的映秀、北川和南坝，高低频辐射都很强，其他区域高低频辐射分布有很大的差异，断层面上有些高频辐射强的区域对应的低频辐射则很弱。

6.3 基于合成包络的场点地震动合成

得到断层面上的高频辐射分布后（子震的分布 w_i），可求得近场任意场点的加速度合成包络。工程中常用的人工合成地震动用一个随时间变化的强度包络与一个平稳随机过程表示。因此，获得了加速度包络后，要合成场点处的地震动，还需要一个平稳随机过程。为了使合成的场点加速度记录包含更可靠的震源和场地信息，我们选取与合成记录的场点临近且场地条件相似的已有台站加速度记录提取平稳随机过程。取法为，将加速度记录按照间隔 δt 分成 n 段，在第 i 段内用该段加速度绝对值的最大值除以记录的时程得到平稳过程。试验表明 δt 的选取不能太小，也不能太大，太小合成记录太平滑震荡不剧烈，太大合成记录容易出现分段的现象，通过试验本书选择 δt 为 3s。

得到平稳过程后乘以合成包络求得合成场点处的加速度时程。首先用一个获得记录的 51AXT 台为例，验证该方法的可行性。选择距离该台 41.1km 且场地条件相似的 51JYH 台，提取其平稳过程。然后将平稳过程与 51AXT 台的合成包络相乘，得到该台的合成加速度时程。图 6-8（a）给出了该台的合成结果，图中可见，51AXT 台的合成记录与观测记录的形状、幅值和持时均符合较好，东西向的反应谱符合也很好，南北向则在周期大于 1s 后差别较大。1s 以上的长周期地震动主要受震源辐射的低频地震波控制，采用高频辐射获得的合成包络不能很好地控制大于 1s 的地震动。

基于该方法，我们分别取 51WCW 台和 51JYH 台的平稳过程，合成了汶川地震中破坏最严重但没有观测记录的映秀和北川水平向加速度记录。加速度记录及 5% 阻尼比的反应谱如图 6-8（b）和（c）所示。51WCW 台距离映秀镇 28.8km，钻孔资料显示该台地下 20.1m 为基岩；51JYH 台距离北川 18.3km，钻孔资料显示该台地下 22m 为基岩（喻烟，2012）。这两个台站的土层资料与映秀和北川类似，均为二类场地。

由图 6-8 可见，合成的映秀和北川的东西南北向加速度峰值分别为 1063.3gal、732.4gal 和 827.9gal、622.1gal，强震动持时都超过 50s，地震动强

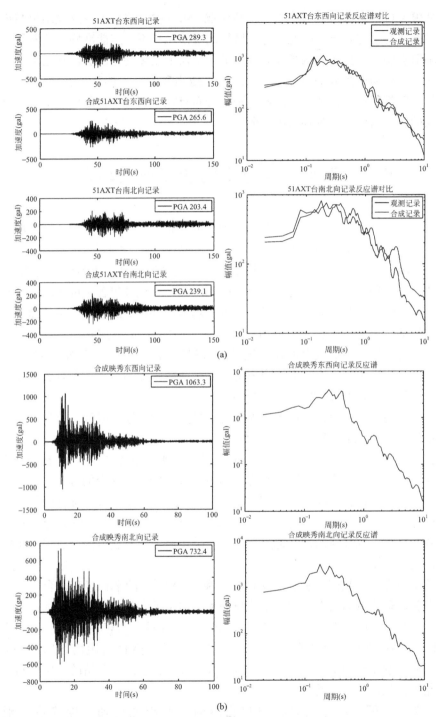

图 6-8　合成加速度记录及反应谱（一）

（a）51AXT 台；（b）映秀

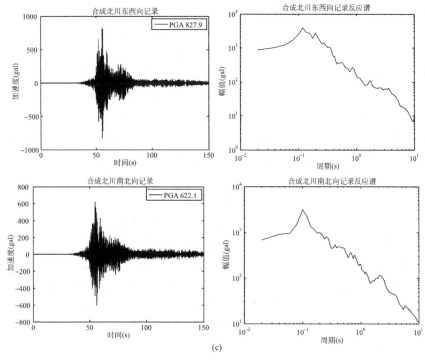

图 6-8 合成加速度记录及反应谱（二）

（c）北川

度很大，且映秀的地震动峰值略大于北川。汶川地震烈度图显示，以汶川县映秀镇和北川县县城为中心是两个极震区，烈度达 XI，破坏最严重（袁一凡，2008）。本书合成的加速度峰值与烈度有较好的对应关系。这里我们仅给出了两个破坏最严重区域的加速度合成时程，其他地区的同样可依据本书的方法合成。

6.4 结论

本章尝试采用芦山地震的包络衰减关系来估计汶川地震断层面上高频辐射强度的分布。首先利用芦山地震的加速度记录统计其包络衰减关系，然后选用汶川地震近场 30 个台站的加速度记录，基于简化的线源模型，将断层面离散为一系列的子断层，利用包络衰减关系估计子断层上子震在台站产生的包络，进一步采用差分进化方法反演了汶川地震断层面上高频辐射分布。高频辐射的强弱用子断层包含子震个数表示。为确保反演结果的可靠性，利用棋盘测试分析了不同子断层划分时结果的可靠性和分辨率，选择了较为适当的待反演参数。

研究表明，汶川地震高频（大于 1Hz）辐射区域主要位于产生较大地表破裂的映秀、北川和南坝地区。同时，映秀和北川等大滑动量区域的周边也是高频辐射很强的区域，断层破裂停止的东北端也存在一定的高频辐射。破裂贯穿到地表的映秀、北川和南坝是高频和低频辐射都很强的区域。

本章的研究表明，尽管三段式包络形式较为平滑，不能反映观测包络的局部剧烈变化，仍能反演出汶川地震的高频辐射区域分布的基本特征，所得的结论与以往地震高频分布的规律性认识一致。从我们选取的子断层间隔为 10km、15km 和 20km 的检测板分析看，利用三段式包络反演不能引入过多的参数，这导致本书采用的线源模型反演的高频辐射分布不够精细。更为精细的高频辐射反演则需要近断层同时获得主震和余震的台站，采用面源模型，基于地震相似率和小震合成大震的方法得到辐射分布（Kakehi 和 Irikura，1996）。

采用包络衰减关系的一个优点在于，可以得到任意场点的小震包络，一旦获得了断层面的高频辐射分布，就可合成无观测记录点的加速度强度包络。有了场点的加速度包络，需要采用合理的方法合成其加速度记录。在此，我们尝试采用了与场点临近且场地条件类似的台提取平稳过程，以消除震源和场地条件的影响，并用一个获得记录的 51AXT 台简单分析了其可行性，但如何合理地选择平稳随机过程仍是需要研究的问题。我们在合成时还采用了一个随机平稳白噪声与合成包络相乘，得到 51AXT 台的加速度反应谱与观测记录差别要大于利用从临近的场地条件类似的台站提出的平稳随机过程合成的结果，其根本性的原因仍待探索。

由于断层面辐射的高频和低频地震波的位置不一致，因此，更为合理的地震动模拟应分长短周期处理，其中小于 1Hz 的地震动可利用基于波形反演得到的震源模型和三维地下结构模型，采用有限元和有限差分的方法模拟；大于 1Hz 的地震动则采用基于加速度包络反演得到的断层面高频辐射分布合成场点的加速度包络，利用该包络基于适当的方法合成高频地震动。本书合成了台站 51AXT 的记录，其大于 1s 的南北向反应谱与观测记录较大的差异表明，利用高频辐射分布预测的长周期地震动不可靠。

参考文献

[1] 艾印双，刘鹏程，郑天愉. 自适应全局反演 [J]. 中国科学，D 辑，1998，28（2）：105-110.

[2] 陈桂华，徐锡伟，于贵华，等. 2008 年汶川 $M_s8.0$ 地震多断层破裂的近地表同震滑移及滑移分解 [J]. 地球物理学报，2009，52（5）：1384-1394.

[3] 陈培善. 全球大震和中国及邻区中强震地震活动（2008 年 4-5 月）[J]. 地震学报，2008，30（4）：545-549.

[4] 邓起东，陈桂华，朱艾澜. 关于 2008 年汶川 $M_s8.0$ 地震震源断裂破裂机制几个问题的讨论 [J]. 中国科学：地球科学，2011，41（11）：1559-1576.

[5] 杜海林，许力生，陈运泰. 利用阿拉斯加台阵资料分析 2008 年汶川大地震的破裂过程 [J]. 地球物理学报，2009，52（2）：372-378.

[6] 国家重大科学工程"中国地壳运动观测网络"项目组. GPS 测定的 2008 年汶川 $M_s8.0$ 级地震的同震位移场 [J]. 中国科学，D 辑，地球科学，2008，38（10）：1195-1206.

[7] 何仲太，马保起，李玉森，等. 汶川地震地表破裂带宽度与断层上盘效应 [J]. 北京大学学报（自然科学版），2012，48（6）：886-894.

[8] 贺鹏超，沈正康. 汶川地震发震断层破裂触发过程 [J]. 地球物理学报，2014，57（10）：3308-3317.

[9] 胡幸平，俞春泉，陶开，等. 利用 P 波初动资料求解汶川地震及其强余震震源机制解 [J]. 地球物理学报，2008，51（6）：1711-1718.

[10] 黄媛，吴建平，张天中，等. 汶川 8.0 级大地震及其余震序列重定位研究 [J]. 中国科学 D 辑：地球科学，38（10）：1242-1249.

[11] 霍俊荣. 近场强地面运动衰减规律的研究 [D]. 哈尔滨：中国地震局地球物理研究所，1989.

[12] 徐传友，叶建青，谢富仁，等. 汶川 $M_s8.0$ 地震地表破裂带北川以北段的基本特征 [J]. 地震地质，2008，30（3）：683-696.

[13] 李海兵，付小方，Van der Woerd J，等. 汶川地震（$M_s8.0$）地表破裂及其同震右旋斜向逆冲作用 [J]. 地质学报，2008，82（12）：1623-1643.

[14] 李裕彻，卢振业，丁鉴海，等. 地震事典 [M]. 北京：地震出版社，1990.

[15] 李勇，黄润秋，周荣军，等. 龙门山地震带的地质背景与汶川地震的地表破裂 [J]. 工程地质学报，2009，17（1）：3-18.

[16] 廖振鹏. 工程波动理论导引（第二版）[M]. 北京，科学出版社，2002.

[17] 刘成利，郑勇，熊熊，等. 利用区域宽频带数据反演鲁甸 $M_s6.5$ 级地震震源破裂过程. [J]. 地球物理学报，2014，57（9）：3028-3037.

[18] 刘启方. 基于运动学和动力学震源模型的近断层地震动研究 [D]. 哈尔滨：中国地震局工程力学研究所，2005.

[19] 钱琦，韩竹军. 汶川 $M_s8.0$ 级地震断层间相互作用及其对起始破裂段的启示 [J]. 地学

前缘，2010，17（5）：84-92.

[20] 任俊杰，张世民.汶川 M_s8.0 级地震地表破裂带特征及其构造意义 [J].大地测量与地球动力学，2008，28（6）：47-52.

[21] 任叶飞，温瑞智，山中浩明，等.运用广义反演法研究汶川地震场地效应 [J].土木工程学报，2013，46（S2）：146-151.

[22] 任叶飞.基于强震动记录的汶川地震场地效应研究 [D].哈尔滨：中国地震局工程力学研究所，2014.

[23] 任叶飞，温瑞智，周宝峰，等.2013 年 4 月 20 日四川芦山地震强地面运动三要素特征分析 [J].地球物理学报，2014，57（6）：1836-1846.

[24] 邵志刚，周朝晖，徐晶，等.汶川 M_s8.0 地震强震动基线改正及其在位错反演中的初步应用 [I].地球科学——中国地质大学学报，39（12）：1903-1914.

[25] 唐晖，李小军，李亚琦.自贡西山公园山脊地形场地效应分析 [J].振动与冲击，2012，31（8）：74-79.

[26] 王国新.强地震动衰减研究 [D].哈尔滨：中国地震局工程力学研究所，2001.

[27] 王鹏，刘静.断层横向构造在逆冲型地震破裂中的作用——以汶川地震小鱼洞断层为例 [J].地球物理学报，2014，57（10）：3296-3307.

[28] 王天韵.基于近场强震资料的汶川地震破裂过程反演 [D].哈尔滨：中国地震局工程力学研究所，2012.

[29] 王卫民，赵连锋，李娟，等.四川汶川 8.0 级地震震源过程 [J].地球物理学报，2008，51（5）：1403-1410.

[30] 王卫民，郝金来，姚振兴.2013 年 4 月 20 日四川芦山地震震源破裂过程反演初步研究 [J].地球物理学报，2013，56（4）：1412-1417.

[31] 王振杰，欧吉坤，曲国庆，等.用 L 曲线法确定半参数模型中的平滑因子 [J].武汉大学学报·信息科学版，2008，29（7）：651-653.

[32] 温瑞智，任叶飞，黄旭涛，等.芦山 7.0 级地震强震动记录及其震害相关性 [J].地震工程与工程振动，2013，33（4）：1-14.

[33] 肖亮.水平向基岩强地面运动参数衰减关系研究 [D].北京：中国地震局地球物理研究所，2011.

[34] 许才军，王乐洋.大地测量和地震数据联合反演地震震源破裂过程研究进展 [J].武汉大学学报·信息科学版，2010，35（4）：457-462.

[35] 徐锡伟，闻学泽，叶建青，等.汶川 M_s8.0 地震地表破裂带及其发震构造 [J].地震地质，2008，30（3）：597-629.

[36] 徐锡伟，陈桂华，于贵华，等.2008.5·12 汶川地震地表破裂基本参数的再论证及其构造内涵分析 [J].地球物理学报，2010，53（10）：2321-2336.

[37] 杨莹辉，陈强，刘国祥，等.汶川地震同震形变场的 GPS 和 InSAR 邻轨平滑校正与断层滑移精化反演 [J].地球物理学报，2014，57（5）：1462-1476.

[38] 杨智娴，陈运泰，苏金蓉，等.2008 年 5 月 12 日汶川 M_w7.9 地震的震源位置与发震时刻 [J].地震学报，2012，34（2）：127-136.

[39] 药晓东，章文波，于湘伟.2008 年汶川 8.0 级大地震近场强地面运动的模拟 [J].地球

物理学报，2015，58（3）：886-903.

[40] 喻烟. 汶川地震区地震动估计经验模型 [D]. 哈尔滨：中国地震局工程力学研究所，2012.

[41] 于彦彦. 三维沉积盆地地震效应研究 [D]. 哈尔滨：中国地震局工程力学研究所，2016.

[42] 袁一凡. 四川汶川 8.0 级地震损失评估 [J]. 地震工程与工程振动，2008，28（5）：10-19.

[43] 张培震，徐锡伟，闻学泽，等. 2008 年汶川 8.0 级地震发震断裂的滑动速率、复发周期和构造成因 [J]. 地球物理学报，2008，51（4）：1066-1073.

[44] 张旭，许力生. 利用视震源时间函数反演尼泊尔 M_s8.1 地震破裂过程 [J]. 地球物理学报，2015，58（6）：1881-1890.

[45] 张勇. 震源破裂过程反演方法研究 [D]. 北京：北京大学，2008.

[46] 张勇，冯万鹏，许力生，等. 2008 年汶川大地震的时空破裂过程 [J]. 中国科学 D 辑：地球科学，2008，38：1186-1194.

[47] 张勇，许力生，陈运泰，等. 2014 年 8 月 3 日云南鲁甸 M_w6.1（M_s6.5）地震破裂过程 [J]. 地球物理学报，2014，57（9）：3052-3059.

[48] 张勇，陈运泰，许力生，等. 2014 年云南鲁甸 M_w6.1 地震：一次共轭破裂地震 [J]. 地球物理学报，2015，58（1）：153-162.

[49] 张勇，许力生，陈运泰. 2010 年 4 月 14 日青海玉树地震破裂过程快速反演 [J]. 地震学报，2010，32（3）：361-365.

[50] 张勇，许力生，陈运泰. 2015 年尼泊尔 M_w7.9 地震破裂过程：快速反演与初步联合反演 [J]. 地球物理学报，2015，58（5）：1804-1811.

[51] 赵翠萍，陈章立，周连庆，等. 汶川 M_w8.0 级地震震源破裂过程研究：分段特征 [J]. 科学通报，2009，54：3475-3482.

[52] 赵珠，张润生. 四川地区地壳上地幔速度结构的初步研究 [J]. 地震学报，1987，9（2）：154-166.

[53] 朱艾斓，徐锡伟，刁桂苓，等. 汶川 M_s8.0 地震部分余震重新定位及地震构造初步分析 [J]. 地震地质，2008，30（3）：759-767.

[54] 朱守彪，张培震. 2008 年汶川 M_s8.0 地震发生过程的动力学机制研究 [J]. 地球物理学报，2009，52（2）：418-427.

[55] 中国地震局震害防御司. 2008 汶川 8.0 级地震未校正加速度记录 [M]. 北京：地震出版社，2008.

[56] 中国地震局地震预测研究所. 地震震源及介质参数测定方法引论 [M]. 北京：地震出版社，2013.

[57] 周仕勇，Irikura K. 近震源地震波波形资料反演震源破裂过程的可靠性分析 [J]. 地球物理学报，2005，48（1）：124-131.

[58] Aguirre J，Irikura K. Reliability of Envelope Inversion for the High-frequency Radiation Source Process Using Strong Motion Data：Example of the 1995 HyogokenNanbu Earthquake [J]. Bull. Seismol. Soc. Amer，2003，93（5）：2005-2016.

[59] Beresnev I A. Uncertainties in Finite-Fault Slip Inversions：To What Extent to Believe?

[J]. Bull. Seismol. Soc. Amer, 2003. 93 (6): 2445-2458.

[60] Bouchon M A. Simple method to calculate Green's functions for elastic layered media [J]. Bull. Seism. Soc. Am, 1981, 71. 959-971.

[61] Chang C P, Chen G H, Xu X W, et al. Influence of the pre-existing Xiaoyudong salient in surface rupture distribution of the M_w 7. 9 Wenchuan earthquake, China [J]. Tectonophysics, 530-531, 2012, 240-250.

[62] Chen Q, Yang Y H, Luo R, et al. Deep coseismic slip of the 2008 Wenchuan earthquake inferred from joint inversion of fault stress changes and GPS surface displacements [J]. Journal of Geodynamics, 2015, 1-12.

[63] Cocco M, Boatwright J. The Envelopes of Acceleration Time Histories [J]. Bull. Seismol. Soc. Amer, 1993, 83: 1095-1114.

[64] Delouis B, Giardini D, Lundgren P, et al. Joint Inversion of In SAR, GPS, Teleseismic, and Strong-Motion Data for the Spatial and Temporal Distribution of Earthquake Slip: Application to the 1999 Izmit Mainshock [J]. 2002, 92 (1): 278-299.

[65] Donald L W, Kevin J C. New Empirical Relationships among Magnitude, Rupture Length, Rupture Width, Rupture Area, and Surface Displacement [J]. Bull. Seismol. Soc. Amer, 1994, 84 (4): 974-1022.

[66] Feng G C, Hetland E A, Ding X L, et al. Coseismic fault slip of the 2008 M_w7. 9 Wenchuan earthquake estimated from InSAR and GPS measurements [J]. GEOPHYSICAL RESEARCH LETTERS, 2010, 37 L01302.

[67] Fielding E J, Sladen A, Li Z H, et al. Kinematic fault slip evolution source models of the 2008 M7. 9 Wenchuan earthquake in China from SAR interferometry, GPS and teleseismic analysis and implications for Longmen Shan tectonics [J]. Geophysical Journal International. 2013, 194, 1138-1166.

[68] Furuya M, Kobayashi T, Takada Y, et al. Fault Source Modeling of the 2008 Wenchuan Earthquake Based on ALOS/PALSAR Data [J]. Bull. Seismol. Soc. Amer, 2010 100 (5B): 2750-2766.

[69] Hanks T. C. The Faulting Mechanism of the San Fernando Earthquake [J]. J. Geophys. Res. 1974, 79: 1215-1229.

[70] Hao J L, Ji C, Wang W M, et al. Rupture history of the 2013 M_w 6. 6 Lushan earthquake constrained with local strong motion and teleseismic body and surface waves [J]. GEOPHYSICAL RESEARCH LETTERS, 2013, 40, 5371-5376.

[71] Hartzell S H, Heaton T H. Inversion of strong ground motion and teleseismic waveform data for the fault rupture history of the 1979 Imperial Valley, California, earthquake [J]. Bull. Seismol. Soc. Am, 1983, 73: 1553-1583.

[72] Hartzell S, Langer C. Importance of model parameterization in finite fault inversions: application to the 1974 M_w8. 0 Peru earthquake [J]. J. Geophys. Res. 1993, 98 (B12): 22, 123-22. 134.

[73] Hartzell S, Liu P C. Calculation of earthquake rupture histories using a hybrid global

search algorithm: application to the 1992 Landers, California, earthquake [J]. Phys Earth Planet Inter, 1996, 95: 79-99.

[74] Hartzell S, Liu P C, Mendoza C. The 1994 Northridge, California, Earthquake: Investigation of Rupture Velocity, Risetime, and High-frequency Radiation [J]. J. Geophys. Res, 1996, 101: 20091-20108. doi: 10.1785/0120120108.

[75] Hartzell S, Liu P C, Mendoza C, et al. Stability and uncertainty of finite-fault slip inversions: application to the 2004 Parkfield, California, Earthquake [J]. 2007, Bull. Seismol. Soc. Amer. 97 (6): 1911-1934.

[76] Hartzell S, Mendoza C, Ramirez-Guzman L, et al. Rupture History of the 2008 M_w 7.9 Wenchuan, China, Earthquake: Evaluation of Separate and Joint Inversions of Geodetic, Teleseismic, and Strong-Motion Data [J]. Bull. Seismol. Soc. Amer, 2013, 103 (1): 353-370.

[77] Helmbergr D V. The crust-mantle transition in the Bering Sea [J]. Bull. Seism. Soc. Am, 1968, 58, 179-214.

[78] Hubbard J, Shaw J H. Uplift of the Longmen Shan and Tibetan plateau, and the 2008 Wenchuan ($M=7.9$) earthquake [J]. Nature, 2009, 458 (7235): 194.

[79] Hubbard J, Shaw J H, Klinger Y. Structural Setting of the 2008 M_w 7.9 Wenchuan, China, Earthquake [J]. Bulletin of the Seismological Society of America, 2010, 100 (5B): 2713-2735.

[80] Husid P. Gravity effects on the earthquake response of Yielding structures [D]. California: California Institute of Technology, 1967.

[81] Irikura K. Prediction of strong acceleration motion using empirical Green's function, Proc. 7th Jpn. Earthq. Eng, 1986, 8, 37-42.

[82] Jia D, Li Y Q, Lin A, et al. Structural model of 2008 M_w 7.9 Wenchuan earthquake in the rejuvenated Longmen Shan thrust belt, China [J]. 2010, 491: 174-184.

[83] Kakehi Y, Irikura K. Estimation of High-frequency Wave Radiation Areas on the Fault Plane by the Envelope Inversion of Acceleration Seismograms [J]. Geophys. J. Int, 1996, 125: 892-900.

[84] Kakehi Y, Irikura K, Hoshiba M. Estimation of High-frequency Wave Radiation Areas on the Fault Plane of the 1995 Hyogo-ken Nanbu Earthquake by the Envelope Inversion of Acceleration Seismograms [J]. J. Phys. Earth, 1996, 44: 505-517.

[85] Kakehi Y, Irikura K. High-frequency Radiation Process During Earthquake Faulting Envelope Inversion of Acceleration Seismograms from the 1993 Hokkaido-Nasei-Oki, Japan, Earthquake [J]. Bull. Seismol. Soc. Amer, 1997, 87 (4): 904-917.

[86] Kennent B, Kerry N J. Seismic waves in a stratified half-space [J]. Geophys. J. Roy. astr. soc, 1979, Vol. 57. 557-583.

[87] Kennett B L, Engdahl, E R. Traveltimes for global earthquake location and phase identification [J]. Geophys. J. Inf, 1991, 429-465.

[88] Kikuchi M, Kanamori H. Inversion of complex body waves [J]. Bull. Seismol. Soc. Amer,

1982. 71：491-506.

[89] Kimiyuki A，Tomotaka I. Source-Rupture Process of the 2007 Noto Hanto，Japan，Earthquake Estimated by the Joint Inversion of Strong Motion and GPS Data [J]. Bull. Seismol. Soc. Amer，2011. 101 (5)：2467-2480.

[90] Koketsu K，Yokota Y，Ghasemi H，et al. Nvestigation report of the 2008 Wenchuan Earthquake，China [J]. Grant-in-Aid for Special Purposes of 2008，MEXT，No. 20900002

[91] Komatitsch D，Vilotte J P. The Spectral Element Method：An Efficient Tool to Simulate the Seismic Response of 2D and 3D Geological Structures [J]. Bull. Seism. Soc. Am，1998，88：368-392.

[92] Lee S J，Ma K F，Chen H W. Three-dimensional dense strong motion waveform inversion for the rupture process of the 1999 Chi-Chi，Taiwan，earthquake [J]. JOURNAL OF GEOPHYSICAL RESEARCH，2006，111，B11308.

[93] Li X J，Liu L，Wang Y S，et al. Analysis of Horizontal Strong-Motion Attenuation in the Great 2008 Wenchuan Earthquake [J]. Bull. Seismol. Soc. Amer，2010，100 (5B)：2440-2449. doi：10. 1785/0120090245.

[94] Liu C L，Zheng Y，Ge C，et al. Rupture process of the Ms7. 0 Lushan earthquake，2013 [J]. Science China：Earth Sciences，2013，56：1187-1192，doi：10. 1007/s11430-013-4639-9.

[95] Liu C L，Zheng Y，Lopez A. Rupture processes of the 2012 September 5 M_w7. 6Nicoya，Costa Rica earthquake constrained by improved geodetic and seismological observations [J]. Geophysical Journal International，2015，203，175-183.

[96] Liu Q F，Li X J. Preliminary Analysis of the Hanging Wall Effect and Velocity Pulse of the 5. 12 Wenchuan earthquake [J]. Earthquake Engineering and Engineering Vibration，2009，8 (2)：165-177. doi：10. 1007/s11803-009-9043.

[97] Li Y Q，Wang M M，Chen W，et al. Structural Model of 2008 M_w7. 9 Wenchuan Earthquake in the Rejuvenated Longmen Shan Thrust Belt，China [J]. Tectonophysics，2010，August .

[98] Madariaga R. High Frequency Radiation from Crack (stress drop) Models of Earthquake Faulting [J]. Geophys. J. R. str. Soc，1977，1：625-651.

[99] Mendoza C，Hartzell S. Finite-Fault Source Inversion Using Teleseismic P Waves：Simple Parameterization and Rapid Analysis [J]. Bull. Seismol. Soc. Amer，2013，103 (2A)：834-844.

[100] Mikumo，T. ，Hirahara，K. ，Miyatake，T.. Dynamical Fault Rupture Process in Heterogeneous Media [J]. Techtonophysics，1987，144：19-36.

[101] Nakahara H，Nishimura T，Sato H，et al. Seismogram Envelope Inversion for the Spatial Distribution of High-frequency Energy Radiation from the Earthquake Fault：Application to the 1994 far East off Sanriku Earthquake，Japan [J]. J Geophys Res，1998，103：855-867.

[102] Nakahara H. Seismogram Envelope Inversion for High-frequency Seismic Energy Radiation from Moderate to Large Earthquakes [J]. Adv. Geophy, 2008, 50, 401-426.

[103] Nakahara H. Envelope Inversion Analysis for High-Frequency Seismic Energy Radiation from the 2011 M_w 9.0 Off the Pacific Coast of Tohoku Earthquake [J]. Bull. Seismol. Soc. Amer, 2013, 103 (2B): 1348-1359. doi: 10.1785/0120120155.

[104] Nakamura T, Tsuboi S, Kaneda Y, et al. Rupture Process of the 2008 Wenchuan, China Earthquake Inferred from Teleseismic Waveform Inversion and forward Modeling of Broadband Seismic Waves [J]. Tectonophysics, 2010, 491: 72-84.

[105] Olson A H, Apsel R J. Finite faults and inverse theory with applications to the 1979 Imperial Valley earthquake [J]. Bull. Seism. Soc. Am, 1982, 72, 1969-2001.

[106] Pan J W, Pei J L, Chevalier M L, et al. Rupture process of the Wenchuan earthquake (M_w 7.9) from surface ruptures and fault striations characteristics [J]. Tectonophysics, 2014, 13-28.

[107] Piatanesi A, Lorito S. Rupture Process of the 2004 Sumatra-Andaman Earthquake from Tsunami Waveform Inversion [J]. Bull. Seismol. Soc. Amer, 2007. 97 (1A): S223-S231.

[108] Ren Y F, Wen R Z, Hiroaki Y, et al. Site effects by generalized inversion technique using strong motion recordings of the 2008 Wenchuan earthquake. Earthquake Engineering and Engineering Vibration, 2013, 12 (2): 165-184.

[109] Shao G, Ji C, Lu Z, et al. Slip history of the 2008 M_w7.9 Wenchuan earthquake constrained by jointly inverting seismic and geodetic observations. Abstract S52B04, 2010 Fall Meeting AGU, San Francisco.

[110] Sekiguchi H, Irikura K, Iwata T. Fault Geometry at the Rupture Termination of the 1995 Hyogo-ken Nanbu Earthquake [J]. Bull. Seismol. Soc. Amer, 2000, 90 (1): 117-133.

[111] Sekiguchi H, Iwata T. Rupture process of the 1999 Kocaeli, Turkey, earthquake estimated from strong-motion waveforms [J]. Bull. Seism. Soc. Am, 2002, 92, 300-311.

[112] Shen Z K, Sun J B, Zhang P Z, et al. Slip maxima at fault junctions and rupturing of barriers during the 2008 Wenchuan earthquake [J]. Nature geoscience, 2009.

[113] Somerville P, Irikura, K, Graves R, et al. Characterizing Crustal Earthquake Slip Models for the Prediction of Strong Ground Motion [J]. 1999, Seismological Research Letter. 70 (1): 59-80.

[114] Strikwerda J C. Finite Difference Schemes and Partial Differential Equations, 2th ed [M]. 2004.

[115] Tan X B, Yuan R M, Xu X W, et al. Complex surface rupturing and related formation mechanisms in the Xiaoyudong area for the 2008 M_w 7.9 Wenchuan Earthquake, China [J]. Journal of Asian Earth Sciences, 2012, 58, 132-142.

[116] Tong X P, David T, Yuri F. Coseismic slip model of the 2008 Wenchuan earthquake derived from joint inversion of interferometric synthetic aperture radar, GPS, and field

data [J]. JOURNAL OF GEOPHYSICAL RESEARCH，2010，115，B04314.

[117] Wang Q，Qiao X J，Lan Q G，et al. Rupture of deep faults in the 2008 Wenchuan earthquake and uplift of the Longmen Shan [J]. Nature geoscience，2011.

[118] Wald D J，Heaton T H. Spatial and Temporal Distribution of Slip for the 1992 Landers，California，Earthquake [J]. Bull. Seismol. Soc. Amer，1994. 84（3）：668-691.

[119] Wald D J，Heaton T H，Hudnut K W. The slip history of the 1994 Northridge，California，earthquake determined from strongmotion，teleseismic，GPS，and leveling data [J]. Bull. Seism. Soc. Am，1996，86，S49-S70.

[120] Wen Y Y，Oglesby D，Duan B，et al. Dynamic Rupture Simulation of the 2008 M_w 7. 9 Wenchuan Earthquake with Heterogeneous Initial Stress [J]. Bull. Seism. Soc. Am，2012，102（4）：1892-1898.

[121] Wu C C，Dreger D，Kaverina A. Finite-Source Modeling of the 1999 Taiwan（Chi-Chi）Earthquake Derived from a Dense Strong-Motion Network [J]. Bull. Seismol. Soc. Amer，2001，91（5）：1144-1157.

[122] Xu C J，Liu Y，Wen Y M，et al. Coseismic Slip Distribution of the 2008 M_w 7. 9 Wenchuan Earthquake from Joint Inversion of GPS and InSAR Data [J]. Bull. Seismol. Soc. Amer，2010，100（5B）：2736-2749.

[123] Xu X，Wen X，Yu G，et al. Coseismic reverse-and oblique-slip surface faulting generated by the 2008 M_w 7. 9 Wenchuan earthquake，China [J]. Geology，2009，37（6）：515-518.

[124] Yamada M，Heaton T. Real-time Estimation of Fault Rupture Extent Using Envelopes of Acceleration [J]. Bull. Seismol. Soc. Amer，2008 98（2）：607-619. doi：10.1785/0120060218.

[125] Yokota Y，Koketsu K，Fujii Y，et al. Joint inversion of strong motion，teleseismic，geodetic，and tsunami datasets for the rupture process of the 2011Tohoku earthquake [J]. 2011，38，L 00G21.

[126] Yoshida S，Koketsu K，Shibazaki B，et al. Joint Inversion of Near-and Far-field Waveforms and Geodetic Data for the Rupture Process of the 1995 Kobe Earthquake [J]. J. Phys. Earth，1996，44，437-454.

[127] Zeng J L，Sun J，Wang P，et al. Surface ruptures on the transverse Xiaoyudong fault：A significant segment boundary breached during the 2008 Wenchuan earthquake，China [J]. Tectonophysics，2012，http：//dx.doi.org/10.1016/j.tecto.2012.09.024.

[128] Zeng Y. H，Aki K，Teng T L. Mapping of the High-Frequency Source Radiation for the Loma Prieta Earthquake，California [J]. J. Geophys. Res，1993，98：11981-11993.

[129] Hartzell S，Liu P C. Calculation of earthquake rupture histories using a hybrid global search algorithm：application to the 1992 Landers，California，earthquake [J]. Phys Earth Planet Inter，1996，95：79-99.

[130] Zhang H，Ge，Z X. Tracking the Rupture of the 2008 Wenchuan Earthquake by Using the Relative Back-Projection Method [J]. Bull. Seismol. Soc. Amer，2010，100（5B）：

2551-2560.

[131] ZhangL F, Li J G, Liao W L, et al. Source rupture process of the 2015 Gorkha, Nepal M_w 7. 9 earthquake and its tectonic implications [J]. Geodesy and Geodynamics, 2016, 7 (2): 124-131.

[132] Zhang P Z, Wen X Z, Shen Z K, et al. Oblique, High-Angle, Listric-Reverse Faulting and Associated Development of Strain: The Wenchuan Earthquake of May 12, 2008, Sichuan, China [J]. Annu. Rev. Earth Planet, 2010. 38: 353-82.